别输在
不会做人做事上

徐　飞◎著

北方妇女儿童出版社

图书在版编目（CIP）数据

别输在不会做人做事上 / 徐飞著. -- 长春 : 北方妇女儿童出版社, 2019.3

ISBN 978-7-5585-3233-7

Ⅰ. ①别… Ⅱ. ①徐… Ⅲ. ①人生哲学—通俗读物 Ⅳ. ①B821-49

中国版本图书馆CIP数据核字（2018）第291400号

出 版 人　刘　刚
封面设计　艺和天下
责任编辑　张晓峰
开　　本　140mm × 200mm　1/32
印　　张　6
字　　数　145千字
印　　刷　三河市元兴印务有限公司
版　　次　2019年3月第1版
印　　次　2019年3月第1次印刷

出　　版　北方妇女儿童出版社
发　　行　北方妇女儿童出版社
地　　址　长春市人民大街4646号
邮　　编　130021
电　　话　编辑部：0431-86037512
　　　　　发行部：0431-85640624

定　　价　39.80元

P前言
REFACE

人生在世，离不开三件事：说话、办事和做人。这也是构成我们整个人生的三大基本要素。社会上那些所谓的成功人士，其实就是在这三个方面掌握着出色的技巧，能在日常生活中说对每句话、办成每件事，同时做人也非常到位的人。

做人是一门大学问，它伴随着一个人整个的人生历程，需要人们在实践中不断地总结、提炼，是人的立身之本。学会做人，对于每个人来说，并非一时一日之功，需要用一生的光阴去思考和实践，活到老，学到老。因此，我们应该常常警醒自己，不断学习、丰富人生。

办事，是一个人能力、才干的展现。何为会办事？就是把事办得圆圆满满、称心如意。办事不仅要有办事的方法，但更重要的是要有端正办事的心态。心态好，办事才圆满；而调整好办事的心态，这又与做人有关。在现实生活中，做人与做事是相辅相成的，会做人是为了更好地做事，通过做事，又能更好地学会如何去做人。

做人与办事，离不开日常交流，也离不开社会活动，而语言又是人际交往的媒介，起到桥梁作用。因此，拥有会说话的本领，也是美满人生的重要课题。说话，就是一种情感的交流。很多时候，把话说好、说到位会收到事半功倍的效果。同时，会说话，也是会办事和会做人的重要内涵，掌握了说话的技巧，做人可以做得练达，办事可以办得聪明、圆满。

本书以具体生动的案例，深入浅出地阐述了说话与做人做事的技巧、禁忌和分寸，帮助读者学会说话、学会办事、学会做人。掌握人生的三大生活技巧，掌握成功人生的金钥匙，使人生过得更加美满。

目录 CONTENTS

第四章　好人脉好办事

第五章　事半功倍

第一章

说话有智慧，行动有激情

“嘴”上功夫要过硬

有家父子冬日在镇上卖便壶（俗称“夜壶”，旧时男人夜间或病中卧床小便的用具）。父亲在南街卖，儿子在北街卖。不多久，儿子的地摊前有了看货的人，其中一个看了一会儿，说道：“这便壶大了些。”那儿子马上接过话茬：“大了好哇！装的尿多。”人们听了，觉得很不顺耳，便扭头离去。在南街的父亲也遇到了顾客说便壶大的情况。当听到一个老人自言自语说“这便壶大了些”后，父亲马上笑着轻声地接了一句：“大是大了些，可您想想，冬天夜长啊！”好几个顾客听罢，都会意地点了点头，继而掏钱买走了便壶。

父子两人在同一个镇上做同一种生意，结果迥异，原因就在会不会说话上。我们不能说当儿子的话说得不对，确实，便壶大装的尿多，他是实话实说。但不可否认，他的话说得欠水平，粗俗的语言难以入耳，令人听了很不舒服。本来，买便壶不俗不丑，但毕竟还有些私密的因素在内。人们可以拿着脸盆、扁担等大大方方地在街上走，但若拎着个便壶走在街上，就多少有些不自在了。此时，儿子直通通的大实话怎么能不让买者感到别扭呢？而那个父亲则算得上是一个高明的推销商。他先赞同顾客的话，以认同的态度拉近顾客的距离，然后又以委婉的话语说“冬天夜长啊”，这句看似离题的话说得实在是好，无丝毫强卖之嫌，却又富于启示性。其潜台词是：冬天天冷夜长，夜解次数多，且又怕冷不愿意下床，大便壶正好派上用场。这样设身处地的善意提醒，顾客不难明白。卖者说的在理，顾客买下来也就是很自然的了。

唐太宗李世民曾经有过一段评论说：“语言者，君子之枢机，‘谈’何容易！”

确实，语言不仅是交际的工具，更是一门学问，一门艺术。有的人缺少“嘴”上的功夫，说话乏“术”，因此，言谈表达往往“话不投机”，以致很难把事情办好，有时甚至还会将好事办砸；而有的人则能得体地运用语言准确地传递信息、表情达意，有的人甚至能点“语”成金，使所言收到奇佳的表达效果。

解缙陪伴明太祖朱元璋在金水河钓鱼，不料一上午一无所获，朱元璋深感失望，即命解缙“以诗记之”。这可是个风险极大的事。没钓到鱼乃是件地地道道的憾事，如果直录其事激怒皇上，岂不是脑袋不保？但既然皇上有令，如果不录，岂不是有意抗旨？不过这难不倒解缙，只见他稍加思索，便念出了一首漂亮的小诗：“数尺纶丝人水中，金钩抛去永无踪，凡鱼不敢朝天子，万岁君王只钓龙。”明太祖听了开怀大笑。请注意这首小诗，前两句的确是“遵旨而行”的实写，后两句则是巧妙的劝慰——钓不到鱼，那是因为皇上至尊至贵，“凡鱼”

不敢上钩。于是就这么一“劝”，皇上乐开了花。

试想，如果解缙没有出色的想象力，不善于用语言将其准确迅速地表达出来，是不可能取得既直陈其事又劝慰皇上并且保全自己性命这样“一箭三雕”的效果的。

大哲学家老子曾经说过：“美言可以市。”意思是：如果一个人善于驾驭语言，便可以用之去交换自己所需要的东西。不擅“说”道的人，可能就注定了要一辈子平庸，深谙说话之“术”的人，却常常能在最不可能之处扭转乾坤。

元代的关汉卿因为编演《窦娥冤》，得罪了统治者，官府要捉拿他治罪。关汉卿得知消息后，连夜逃走。途中，遇到几名捕快。

班头问：“你是干什么的？”

关汉卿顺口答道：“三五步走遍天下，六七人统领千军。”班头明白了：“原来你是唱戏的。”关汉卿又吟道：“或为君子小人，或为才子佳人，登台便见；有时欢天喜地，有时惊天动地，转眼皆空。”班头见他如此伶俐，出口成章，便问道：“你是关……”关汉卿笑道：“看我非我，我看我，我亦非我；装谁像谁，谁装谁，谁就像谁。”班头本来爱看戏，特别爱看关汉卿编演的戏。知道眼前这人便是关汉卿。捉他吧，于心不忍，不捉吧，500两赏银便没了。关汉卿看透了他的心理，便顺口吟道：“台头莫逞强，纵得到厚禄高官，得意无非俄顷事；眼下何足算，到头来抛盔卸甲，下场还是普通人。”可能是这首诗打动了班头，他便对另几名捕快说：“放他去吧，这是个疯子。”

关汉卿就这样脱了险。

可见，学会运用语言的威力，掌握说话的艺术，不仅是人际交往增进感情的催化剂，更是我们摆脱困境达到事业成功的保证。

有位西方哲人说过：“世间有一种成就可以使人很快完成伟业，并获得世人的认识，那就是讲话令人喜悦的能力”。让我们记住他的话吧！

说话是一种技能

有些人对于“说”的理解总是难以做到恰如其分。一种是有“说瘾”的人，以说为乐，不论大事小事与自己有关无关，滔滔不绝，尽管挨了不少白眼受了不少批评，甚至被冠以“懒婆娘裹脚布”的名号仍不以为意，依旧乐此不疲；另一种是“乌鸦嘴”，他们是天生的批评家，他们的眼里没有白米饭只有沙子，即使是鸡蛋也非要挑出个骨头来，结果是人人反感；还有些人，专爱搬弄别人的是非，东家长，西家短，不免落个“长舌妇”的骂名。

实际上，“说”是用以表达自我、说服别人、沟通外界的一种手段。能说，不一定就要喋喋不休，会说，也绝对不是颠倒黑白，混淆是非。就像武侠小说中真正的高手没有兵刃，摘花飞叶都能伤人一样，真正会说的人很少长篇大论，常常是片言只语，就能起到振聋发聩的作用。

从本质上讲，我们应该把“说”看成是一种生存的技能，是一门艺术。既然是一种技能，一门艺术，就不是随便想怎么着就怎么着的，也不是谁都能很好地掌握的。俗话说：“好言一句三冬暖，恶言半句六月寒”。不掌握一定的技巧，好话有的时候也会造成恶果，“好心”也成了“驴肝肺”。好钢必须要经过回炉才能炼成，要想说得好，说得妙，不经过头脑的加工是不行的。诸葛亮能够“舌战群儒”，在众英才中“口若悬河”，靠的不是伶牙俐齿，而是“思如泉涌”。因此，要学会“说”，要随心所欲得心应手地运用“说”，你必须深入地进行思考，谋定而后动。

说话就好像是火把，当你在合适的时机以合适的方式说出合适内容的话时，你就像是在别人的屋里点燃了火把，让屋里充满光明，让别人觉得温暖；反之，你就像是在别人的屋里点燃了火，伤了别人，也害了自己。

赋予第一句话生命

好的开始是成功的一半，说话更是有过之而无不及。特别是在你推销自己的思想和观点的时候，能不能从一开始就抓住对方，从一开始就吸引住对方，对你“说”的成败具有直接的影响。

现代社会的工作和生活节奏很快，人们在时间的安排上虽然不能说是争分夺秒，但也是十分紧凑的，如果你总是慢慢悠悠或者说出来的东西总是不咸不淡，你肯定抓不住别人的注意力，引不起别人的兴趣，甚至有可能让别人感到反感，到那个时候，你的说话被打断是幸运的，弄不好你会被粗暴地赶出人家的领地。做到从一开始就能吸引人，就要在说好第一句话上下功夫，要从赋予第一句话以足够的新意做起。

有一个人发表演说，目的是说服人们同意投资兴建水电站，开发一处大瀑布的水电资源。

照一般的做法，这样的演讲需要罗列出一长串的数字，以有力说明可能开发出的电能有多少，可是谁又能记住这些枯燥的数据呢？恐怕连听都让人乏味。

这个人采取了一个新办法，在演讲中这样来说明那些数字：“先生们、女士们，你们知道吗？这里蕴藏着多么大的电力资源，如果我们不去开发，那就等于每天从这处瀑布上白白倾倒×××吨牛奶、×××桶石油，或者是×××箱鸡蛋和×××辆汽车……”。

这样的介绍，给人们留下了强烈的印象，人们的眼前仿佛出现了牛奶、石油、鸡蛋、汽车等从瀑布上轰隆隆倒下来的景象。

这个人的老师是美国著名的演讲大师——戴尔·卡耐基。

我们周围的大多数人都是正常人，每天进行着正常的工作和生活，而且社会的规范又使得人们在大多数情况下不得不千篇一律，不得不墨守成规。在人人相似的环境中待久了，也就习惯了正常，漠然于惯例了。如果我们说出的第一句话没有什么新奇的东西，勾不起人们的好奇心，下面的话就很难取得满意的效果。美国新闻界曾经流传过这么一句名言：“狗咬人不是新闻，人咬狗才是新闻”。这是个形象而生动的比喻，既然人们都习惯了“狗咬人”，那我们为什么不从“人咬狗”开始呢？

比如，有一位记者报道新闻时的第一句话是这样的：“有个人因为创造出了什么都没有的东西而获得了50万美元的奖金。”这样的说法无异于是“人咬狗”，有些离奇，有些荒诞，也足以让人感到新奇。接着，他又在下面的报道中圆满地解释了这个“悬念”：“这是位科学家，他因为在实验室中制造出了也许是世界上最纯净的真空，从而获得了这项奖励”。这样的报道方式不仅大众喜欢，老板也会对他刮目相看。

1946年春天，在日本东京，由11个国家的法官组成的国际军事法庭准备对日本战犯进行审判。盟军最高统帅麦克阿瑟指定，庭长由澳大利亚德高望重的韦伯担任，庭长左右手的第二把、第三把交椅成了各国法官争夺的重点。因为这代表了该法官所属国在审判中的地位。但由于中国国力不强，庭长在座位安排上把中国排在了美国和英国的后面。

中国法官梅汝敖心想：为了中华民族的利益，一定要争到位处前面的交椅。于是在众法官正在热烈讨论的时候，他来了一句石破天惊的话：“如果说我个人的座位问题，我并不在乎。但既然代表国家，我想必须请示本国政府。”大家惊讶地看着他，这位素以冷静理智著称的中国法官怎么头脑发昏了？如果大家全要请示本国政府，到猴年马月才能有个定论啊。梅汝敖看看有了效果，不慌不忙地说出了他的理由：“如果各位不同意我请示本国政府的意见，那么我想，既然这个法庭是用来审判日本战犯的，法庭的座次应当按照日本投降时各受降国签字的顺序进行排列最为合理。中国受害最烈，抗战时间最久，付出的牺牲最大，理应排在第二。何况，没有日本的无条件投降，哪有今天的审判？该按各受降国签字的顺序安排座次，才算顺理成章。”

此时，看到法官席开始骚动，梅汝敖微微一笑，又继续说道：“如果大家不赞成，不妨另外用个更有趣的办法：弄个体重测量器，以体重的大小来排座次。”他的话还没说完，众法官已经笑作一团。

庭长无可奈何："各位法官先生，我们应该尊重梅博士的意见，我建议，重新回议事大厅，进行表决。"

半个小时后，座次顺序重新排定为：美、中、英、苏、加……

梅汝敖博士成功了。

应该说，梅博士能够取得成功，第一句话的作用至关重要，没有那石破天惊的第一句，下面的过程就不会顺理成章。

万事开头难。说第一句话难，学会"说好第一句话"在一开始也不容易。但你要不断地努力，因为，这很重要。

说话要看对象

打蛇要打七寸，否则，徒劳无功不说，还可能激它暴起伤人。

说话也是如此，得说点关键的。就像唱戏，锣鼓喧天折腾半天却不见演员出现，连赔钱赚吆喝都算不上，还叫什么艺术，对吧！

我有一个朋友，工作能力很强，也很受老板的赏识，但他不太满意自己的薪水，准备要求老板给他加薪。但每当面对老板，特别是当老板说出"什么事"三个字的时候，原先好不容易鼓起来的勇气就瘪了下去，只好找个借口搪塞过去了事。经过5次失败后，他终于无法忍受自己的懦弱，大着胆子向老板提出了他的要求。虽然老板感到有点突然，但还是跟他就双方的想法、要求等进行了沟通交流，并在最后对他的要求表示了认可，而且说了句话：“你为什么不早告诉我呢？”

很多人就像我的这位朋友一样，平日里口若悬河头头是道，可一到关键时刻就哑火掉链子，事后却又免不了后悔不迭自怨自艾。求职时，有的人觉得提条件不好意思，于是吞吞吐吐，欲言又止，结果得到的合同并不满意；工作中，尽管与同事经常交流关系很好，但因为事事谦让，结果别人风光无限，自己却一直是两手空空；面对上司，虽然很注重与他们进行沟通，也懂得充分展示自己的能力，但由于觉得沉默是金，说话时战战兢兢，生怕有一丝一毫的差错，好的主意、好的想法都是别人提出来的，结果很难被提升，只能选择默默无闻。

有些人说不出关键的东西，不是不知道什么是关键的东西，而是不好意思开口，往往是话到了嘴边，又去顾左右而言他。如果你确实缺乏这么一点点勇气的话，就看看老鹰是怎么喂成的吧。

根据动物学家所做的研究，老鹰之所以能够成为所有鸟类中最强壮的种族，与它们的喂食习惯密切相关。老鹰一次能够孵出大约四到五只小鹰，由于它们的巢穴很高，猎捕回来的食物虽然不少，但能够拿到窝里喂小鹰的却不多，所以每次都只能喂食一只小鹰。而老鹰的喂食方式并不是依据平等的原则，而是哪一只小鹰抢得凶就给哪一只吃，在这种情况下，不争不抢的那些小鹰就会因为吃不到食物日渐瘦弱，逐渐死亡，存活下来的则是那只最为凶狠的。如此代代相传，老鹰一族愈来愈强壮。

我们不难发现，活下来的小鹰并不是因为它从一开始就强壮，也不是它有什么别的更多的优势，所有的小鹰起点都一样，面临的环境也一样，不同的是活下来的是那些能说出与生存密切相关的东西和因为敢说而得到关键东西的那一只。自然界是这样的，人类社会更是如此，“公平”永远不可能成为组织中的公认原则。因为组织若无适当的淘汰制度，常会因小仁小义而耽误了进化，在竞争的环境中就会遭到自然淘汰。这些物竞天择、适者生存的故事在我们的周围随处可见，比比皆是。我们面对的机会和小鹰一样少，但竞争的对手却是小鹰的无数倍，不把关键的东西说出来，怎么行呢?

马克思曾说，19世纪西方劳动者和资本家在劳动力市场上谈判时讨价还价，这时双方还是处于对等的地位（当然，在成交后，资本家昂首挺胸、劳动者亦步亦趋是另外一回事）。可时光已经走到了21世纪，而我们又处在社会主义中国，有什么可怕的呢？勇敢地说吧！

关注听者的表情

当然，勇敢去说不等于不讲策略，不顾实际地乱说，必须坚持一定的原则。

你必须明白，在绝大多数情况下，话是说给别人听的。说不说由你做主，有没有用由别人决定。没用的话没必要说，说了也白说，很简单，那是废话。所以，要让说出来的东西有用，至少不至于成为废话，你需要学会关注听者的表情。

加德纳博士在他的“多元智能”理论中，把察觉并区分他人的情绪、意向、动机及感觉的能力（包括对他人脸部表情、声音、动作的敏感性，辨别不同人际关系的暗示以及对这些暗示做出适当反应的能力）称作“人际智能”。缺乏“人际智能”的人，很难与他人进行有效的沟通，也很难在社会实践中取得成功。沟通学者的研究发现，人们在沟通时，有7%的效果来自说话的内容，38%取决于声音（音量、音调、韵脚等），而有55%取决于肢体语言（面部表情、身体姿势等）。因而，在解读他人心意时，重要的不只是听他说了些什么，更要紧的是看他怎么说。可见，由于人们之间超过90%以上的交流都是通过非语言方式完成的，所以说话不仅要用嘴巴，更要用眼睛。

关注听者的表情，也是要有重点的，除了对方的喜怒哀乐外，对眼睛的观察最为重要。从医学上来看，眼睛在人的五种感觉器官中是最敏锐的，大概占感觉领域的70%以上，因此，被称为“五官之王”。孟子云：“存之人者，莫良于眸子，眸不能掩其恶。胸中正，则眸子降，胸中不正，则眸子眩。”从眼睛里流露出真心是理所当然的，“眼睛是心灵之窗”。

那么，如何通过观察眼睛洞明对方的心迹呢？有如下方法值得借鉴：

你见他眼神沉静，便可明白他对于你着急的问题，早已成竹在胸，稳操胜算。只要向他请示办法，表示焦虑，如果他不肯明白说，这是因为事关机密，不必要多问，只需静待他的发落便是。

如果你见他眼神散乱，便可明白他也是毫无办法，徒然着急是无用的，向他请示，也是无用的。你得平心静气，另想应付办法，不必再多问，这只会增加他六神无主的程度，这时是你显示本能的机会，快快自己去想办法吧！

如果你见他眼神横射，仿佛有刺，便可明白他异常冷淡，如有请求，暂且不必向他陈说，应该从速借机退出，即使多逗留一会儿也是不适的，退而研究他对你冷淡的原因，再谋求恢复感情的途径。

你见他眼神呆滞，唇皮泛白，便可明白他对于当前的问题惶恐万状，尽管口中说不要紧，他虽未绝望，也的确还在想办法，但却一点也想不出所以然来。你不必再多问，应该退而考虑应付办法，如果你已有办法，应该向他提出，并表示有几成把握。

你见他眼神似在发火，便可明白他此刻是怒火中烧，意气极盛，如果不打算与他决裂，应该表示可以妥协，速谋转机。否则，再逼紧一步，势必引起正面的剧烈冲突了。

你见他眼神恬静，面有笑意，你可明白他对于某事非常满意。你要讨他的欢喜，不妨多说几句恭维话，你要有所求，这也是个好机会，相信一定比平时更容易满足你的希望。

你见他眼神四射，魂不守舍，便可明白他对于你的话已经感到厌倦，再说下去必无效果，你如果不赶紧告一段落，或乘机告退，就寻找新话题，谈谈他所愿意听的事。

你见他的眼神凝定，便可明白他认为你的话有听一听的必要，应该照你预定的计划，婉转陈说，只要你的见解不差，你的办法可行，他必然是乐于接受的。

要是你见他眼神下垂，连头都向下倾了，便可明白他是心有重忧，万分苦痛。你不要向他说得意事，那反而会加重他的苦痛，你也不要向他说苦痛事，因为同病相怜越发难忍，你最好说些安慰的话，并且从速告退，多说也是无趣的。

如果他的眼神上扬，便可明白他是不屑听你的话的，无论你的理由如何充分，你的说法如何巧妙，还是不会有高明的结果，不如马上停止，退而寻求其他接近之道。

掌握听者的心理

在开始这段文字之前，让我们先看一看《牧师和牧童》的故事吧。

在美国，神学院毕业的学生，必须要到乡村教会去当一定阶段的牧师，一来可以丰富他们的工作经验，二来可以锻炼他们的韧性和毅力，为他们日后能够更好地宣传神学，更好地发展打下基础。

有一位成绩和各方面表现都十分突出的学生，从一所著名的神学院毕业后，自愿到一个以牧业为主、生活十分艰苦、人们的认识还比较落后的村庄去担任牧师。为了使那里的人们很好地接受自己，并扩大自己的影响，从而使得人们能够更好地领会神的旨意，他准备召开一个布道大会。

经过紧张而又繁忙的准备之后，他的布道大会如期召开了。但令他失望的是，他等了足足一个上午，却只有一个牧童来到了会场。于是他心灰意冷，准备将布道大会取消，但为了不让牧童反感，他开始主动向牧童征询意见。结果牧童说："亲爱的牧师先生，要不要取消大会我不知道，但我知道一件事，在我所养的100只羊中，就算迷失了99只，只剩最后一只，我还是要养它。"年轻牧师顿有所悟，决定大会如期举行。牧师使出浑身解数，对这位牧童进行全力教导，想不到这位牧童竟然睡着了。牧师非常难过，却又不好意思叫醒牧童，结果他又等了整整一个下午。到了黄昏，牧童醒了，牧师就迫不及待地问牧童："你为什么睡着了，难道我讲得不好吗？"牧童回答说："亲爱的牧师先生，你讲得好不好我不知道，但我知道，当我在养羊的时候，绝对不会拿我最喜欢吃的汉堡给羊吃，而要拿给羊最想吃的牧草。"牧师经过一番思考，终于大彻大悟。

过了不长的时间，这位牧师成了美国最著名的牧师。

有的人认为，这位牧师的布道大会失败了，因为他在大多数人们不需要布道大会的时候举办了布道大会，并且对唯一的参加者讲述了人家并不需要的内容；也有的人觉得，他的布道大会成功了，因为他明白了只有从人们的需要出发对人们进行引导，才能把神学发扬光大。事实上，正所谓"成也萧何，败也萧何"，牧师布道大会的失败在于他忽视了人们的需要，牧师后来能够成功则归功于他重视了人们的需要。

还是让我们回到"说"的主题上来吧。人世间有很多道理是相通的，做事需要我们考虑别人的需求，说话、交流也必须要重视他人的需要。每个人从小学起就有这样的经验，写作文，最怕的就是文不对题。"说"也是这样，最忌讳"南辕北辙"。试想，如果你是个数学老师，你却在课堂上大谈历史；面对农民，你对航天科技滔滔不绝；领导因产品销路不畅心情不好，你却对本单位的管理问题大加分析。可能你讲得很对，有时也很有道理、很有价值，但人家不需要。"对牛弹琴"的结果顶多不过是白费点力气，可你的交流对象是人，有时还是掌握你命运的上司和领导，如果你真的这样说了，后果可能就远远不是白费点嘴皮子那么简单了。

因此，在"说"之前，你要明白，对方想听什么、爱听什么、最需要什么，否则，说了还不如不说。也就是说，要揣摩听者的心理。

说话靠智慧

当一只橘子在马拉多纳的双脚上活蹦乱跳的时候，当魔术师空空如也的手中不断出现各种各样的东西的时候，我们往往会不由自主地停下手中的活计，沉浸在艺术带给我们的享受之中，我们也常常会被一些东西所感染，以至于情不自禁，甚至忘乎所以。俗话说："三百六十行，行行出状元"。"状元"们代表了某一行当的最高水平，不起眼儿的东西，在他们那里往往变得十分神奇；异常艰难的事情，他们做起来却几乎是信手拈来、举重若轻。那么"说"的状元是什么样的表现呢？让我们看几个例子吧：

1951年，在北京举行的一次记者招待会上，一位西方记者问周恩来同志："总理先生，您知道中国有多少钱吗？"周总理微微一笑，不假思索地回答道："中国人民银行发行的人民币，有18元8角8分。"

另一位西方记者问道："请问总理先生，中国有妓女吗？"对于这一不怀好意的提问，周恩来仍旧泰然自若地说："有。"

全场闻言皆惊。总理异常严肃地点了点头，补充道："在中国的台湾省。"话音刚落，全场顿时响起了一阵雷鸣般的掌声，所有的记者都被总理睿智的回答折服了。

也是在一次记者招待会上，时任外交部部长的陈毅同志被问到了这样一个问题："贵国最近打下了美国制造的U-2型高空侦察机，请问陈毅先生，你们用的是什么武器，是导弹吗？"这种场合下，以"无可奉告"拒绝回答是有损国家形象的，但涉及国防机密，也确实不能"实话实说"。这时，陈毅同志举起双手在头顶上做了个动作，说道："记者先生，美国飞机经不起导弹打，我们是用竹竿子把它捅下来的呀。"

"说"和别的东西一样，也分层次，也是有境界高低的。如果粗略地分，我们可以把人们大体分为三类：懂说的人、会说的人和精于说的人。懂说的人很多，从咿呀学语的黄口小儿到白发苍苍的耄耋老者，比比皆是，他们一般是想说什么就说什么，想怎么说就怎么说，从不顾虑什么，当然也说不出多大动静；会说的人就不算太多了，他们掌握了一定的技巧，谙熟于说话的规则，他们深思熟虑，说出的东西颇具匠心，他们惜"话"如金，从不乱说，说则必有大用；精于说的人可就少了，这些人不再拘泥于条条框框，他们的话雅俗共赏，他们运用起语言来随心所欲，常常出人意料，化腐朽为神奇。懂说的人是在用嘴说，会说的人是在用心说，而精于说的人，则是在用智慧说。周恩来、陈毅等无疑都是能够用"智慧"去说的人。

如何用智慧说话呢？

一是幽默。有些人说话"正儿八经"，常给人以说教的感觉。这样做当然没错，但缺少一些灵性。不如来点儿幽默，既增强效果，又活跃气氛。毛泽东同志在重庆进行和平谈判时，去天官府看望各界人士，结果有人问到了这样一个问题："毛先生，有没有信心战胜蒋先生呢？"毛泽东微微一笑，凌空虚写了一个"蒋"字，然后说道："蒋先生的'蒋'字是将军的'将'字头上加棵草，他不过是个草头将军而已。我这个'毛'不是毛手毛脚的毛，而是一个反'手'，意思是代表大多数中国人民根本利益的共产党，要战胜代表少数人利益的国民党，易如反掌。”这样的说话方式，令人拍案叫绝，是“正儿八经”所绝对难以比拟的。

二是在理。说话必须要说得有道理。如果不讲理，你就容易遭到对方的反击而陷于被动。“晏子使楚”中有这么一段故事：酒席间，两个吏卒把一个犯人绑到了楚王跟前，楚王就故意问，“这是哪国人，犯了什么罪？”吏卒说，“回大王，是齐国人，犯了盗窃罪”。楚王笑嘻嘻地问晏子，“你们齐国人都善于偷盗吗？”应该说，楚王的这句话根本就是不讲道理，可惜的是，他碰到的是晏子。晏子的回答比他更不讲道理，他不慌不忙地说，“橘子生在江南，又大又甜，可到了江北，就成了枳了，又小又酸。为什么呢？是因为水土不同啊。现在这个人在齐国时并不偷盗，到了楚国却开始偷盗，是不是楚国的水土善于让百姓偷盗呢？

三是善于出奇。出奇的方式有很多，其要诀是与人的正常思维背道而驰，使人产生突兀的感觉而加深印象。比如把难题留给对方回答即是一法。按一般思维，应该是有问有答，将问题留给问者回答，不失为一个好的办法。

有一次，梁晓声在接受一家英国电视台采访时发生了这样一件事：在拍摄的过程中，英国记者突然让摄像停了下来，并对梁晓声说，“下一个问题，希望您能毫不迟疑地用‘是’或者‘否’来回答，好吗？”

梁晓声不知是计，就答应了。记者立即把话筒放到自己的嘴边，说道：“没有‘文化大革命’，就不会产生你们这一代青年作家，那么‘文化大革命’在您看来是否好呢？”

此时，不论梁晓声回答“是”还是“否”，都是笨拙的。在进退维谷之间，梁晓声略一沉思，说道：“在我回答您这个问题之前，我也问您一个问题，没有第二次世界大战，也就没有以反映第二次世界大战而著名的作家，那么您认为第二次世界大战是否好呢？”这样的问法，对方只能是瞠目结舌，无言以对。

能够用智慧说话的人不一定非得是智慧的人，但一定是个善于创造的人。“人”这个字虽然只有一撇一捺，可包含的东西实在太多，因而要做个智慧人是很难的。但“说”则不然了，它只是人的一个方面，只要你有一个不算愚笨的脑袋，只要你总是能够从尽量多的角度去考虑问题，学会分析，学会创造，做到“用智慧说话”也并没有多难。当然，这是个过程，有大量的工作要做，但既然是创造性的活动，打破常规肯定是第一位的。

说话不要让对方有误解

说话的目的在于交流思想和感情。你需要让对方听懂你在说什么，你的话才有意义。有些人说话讲究含蓄，爱玩“言外之意，弦外之音”，如果对方听懂了倒没关系，若是没听懂甚至听错了，不但起不到交流的目的，反而可能引起误会。古往今来，因为听错意思而造成的误会太多了，甚至破财丢命的也大有人在，也足见这“弦外之音”的厉害了。

看过《三国演义》的人都知道这样一个故事：曹操被董卓追杀，得陈宫相救逃到了成皋，由于天色晚了，就准备到曹操父亲的结义兄弟吕伯奢家去借宿。吕伯奢见到故人之子，十分高兴，准备杀猪款待曹、陈二人。不想其家人在磨刀时一句“缚而杀之，何如？”的话却惹出了滔天大祸。本来吕的家人是要“缚猪”而杀的，曹操却以为是要“缚他”而杀，结果吕伯奢一家惨遭曹阿瞒的毒手，九口人全部命丧黄泉。说曹操生性多疑不假，但如果说惨剧是由“弦外之音”引起的，估计也没有几个人反对。

现实生活中，这样的例子也很多。我的一位同学，在办理赴美留学签证时，就因为不经意间说了一句对现实不满的话，而被怀疑有移民倾向；前不久，浙江纳爱斯集团的一则广告，也因为其中“泡、漂”的广告词引出了“弦外之音”而不得不紧急停播，修改广告。

说实话，要想在这个充满竞争的世界里混出个头头道道来，朋友必不可少而且是多多益善，对手或者敌人则是越少越好。如果说因为利益与人交恶是形势所逼、现实所需的话，因为说话在不自知的情况下得罪人就有些得不偿失了。但我们又不得不承认，在人际交往中，很多误会都是由这种“弦外之音”造成的。发现问题不是终点，解决问题才是目的。俗话说得好，“扬汤止沸不如釜底抽薪”，既然“弦外之音”有害无益，还是少玩一点好，你觉得呢？

如何避免“弦外之音”？

其一，你所说的话必须要“精”。有什么说什么，紧紧围绕目的说话。如果你没话找话，难保不会给自己找出一大堆麻烦来。

其二，用词要尽量准确。不要用有歧义的词或者句子，即使有些时候多费点儿口舌，稍微啰唆一点儿，也要用别的话语代替它们。

其三，外出工作或与外人打交道，尽量说普通话。方言土语别人不容易听懂，也容易让人产生误解。当然，你的普通话水平不一定也不需要很高，只要你能够清楚地表达自己，别人能够清楚地领会你的意思，就足够了。

其四，不要对别人的口误斤斤计较。金无足赤，人无完人，不管是谁在说话办事的时候都不可能做到百分之百准确，如果你计较别人，别人也必定会跟你过不去。反过来，如果你总是宽宏大量，别人也会给你方便。

其五，要有良好的人际关系。周围的人如果信赖你，尊重你，即使有些时候你说了一些容易产生“弦外之音”的话，也没什么关系，大家都不会往坏处想。

其六，不在背后批评人，说别人的不好。你对A说B如何如何，B很可能认为你在A的面前也会说他如何如何。况且，好话不出门，坏话传千里，还是谨慎一点的好。

看客上菜

我们许多人交际不成功的原因就是不管对什么人，想说什么就说什么，结果常常闹出一些矛盾和是非。但是，那些成大事的男人往往能做到说话看对象。

对不同的交际对手，应该使用不同的应对方法，我们将这种方法称之为“看客上菜”。

在人际交往中面对的人和事是多种多样的，这就需要交际者学会适应不同的情况，对不同的人、不同的事采取不同的方式，说不同的话。

纳尔逊·曼德拉是南非著名的政治家、外交家，一生都致力于解放南非黑人的伟大事业。1962年被捕后被判终身监禁。在狱中，他从不妥协，并为将来的斗争做了大量的准备工作。迫于南非黑人的抗争和国际舆论的压力，南非白人政府被迫释放了曼德拉。1994年4月，曼德拉当选为南非历史上第一位黑人总统。在那漫长的反种族歧视的斗争中，他的喜、怒、哀、乐都成为世人关注的焦点。

曼德拉出狱后，不仅要处理繁忙的工作，还得应对南非右翼势力的威胁和迫害。当有人告诉曼德拉白人右翼势力已经放出风儿来要暗杀他时，曼德拉却十分轻松地回答："我太忙了，无暇顾及我的生命。"

1991年10月，英联邦国家举行首脑会议，曼德拉应邀参加。在一次记者招待会上，一位年轻的白人记者问曼德拉："南非局势那么乱，黑人参政到底有无希望？"

对于这样的提问，本来应很生气的曼德拉竟然十分亲切地回答了他："小伙子，我的年龄是你的一倍还多，但我比你乐观得多，你为何如此悲观呢？"

此言一出，全场哄堂大笑。原以为所提问题会使曼德拉十分难堪的那位白人记者却落得自己难堪起来。

轮到一位黑人记者提问题了，他支支吾吾地说："我的问题被刚才那个人提过了……"

曼德拉紧接着说："那么刚才那个人是把你的嘴巴叼走的小狗。"

会场里又是一次哄堂大笑。

这里，针对不同的对手，曼德拉采用了不同的回答方式。

对那位首先提出问题的白人记者，作为黑人的他控制住自己的情绪，以一个长者的身份作了非常巧妙的回答；而在回答那位黑人记者时，他又不露声色地将自己的情绪发泄了出来，而且是以一种幽默机智的形式。

人际交往中，每个人都有自己的个性、自己的情感和不同的成长环境，所以在人际交往时他们所体现的方式自然也就不同。因此，面对不同的交际对手，应该使用不同的应对方法，我们将这种方法称之为“看客上菜”。

著名人际关系学家兰·勒贝茨先生通过自己多年的人际关系实践证明，总结出应付各种人的9种策略。他说，与人交往时，他最害怕碰到的是以下5种人：

第一种人是所谓的凶悍派。这种人在人际交往中常用语言或肢体暴力威胁对方。比如“这是什么话”或“我现在就要……”或“你要是不……我就……”等等。

第二种人是所谓的逃避派。这种人在人际交往中往往避而不见，或采取拖延战术。他会说“明天再说吧”或“我没时间”或“这不归我管”等等。

第三种人是所谓的龟缩派。这种人在人际交往中通常采取完全逃避的态度。他们总说“我不懂”或“这不行”或“我不知道”等等。

第四种人是所谓的高姿态派。这种人在人际交往时习惯于用极端的要求来恐吓对方。他们往往会说“我只等到5点”或“中午以前一定要成交”这样的话。

第五种人是所谓的两极派。这种人根本不谈，只逼你在“要”或者“不要”之间作决定。

以上所列举的五种人，我们可能在人际交往中经常会遇到。那么，我们如何对付兰·勒贝茨先生所说的自己最害怕的这几种人呢？下面请看兰·勒贝茨先生总结出的9种策略：

1．对付凶悍派，最有效的方式是引起他们的注意，必须把他们吓醒，让他们知道你忍耐的底线在哪里。当然，我们的目的不是惩罚，而是要让他们知道你忍耐的极限。

2．指出对方行为的不当之处，并且建议双方应进行建设性的谈话，在这种情况下对方也许会收敛火气。这时最重要的是提出进一步谈话的方向，给对方一个可以继续交涉下去的台阶下。

3．对付逃避派或龟缩派，要先平定他们的情绪，了解他们恐惧的原因，然后建议更换时间或地点进行商谈，适时说出他们真正的恐惧所在，让他们觉得你了解他们而产生安全感。这种方法对付凶悍派也很有效果，只要他们产生了安全感，自然就不会失去控制。

4．坚持一切按规矩办事。凶悍派、高姿态派、两极派都会强迫你接受他们的条件，你应拒绝逼迫，并坚持公平的待遇。

5．在人际交往时，当对方采取极端手段威胁你时，可以请他解释为什么要采取这样极端的手段，并且可以说："我需要更好地了解你为什么会这样想、这样做，以便我能接受你的要求。"

6．沉默是金。这是最有力的策略之一，尤其是对付两极派，不妨这样说："我想现在不适合谈话，我们都需要冷静一下。"

7．改变话题。当对方提出极端要求时，最好假装没听到或听不懂他的要求，然后将话锋转往别处。

8．不要过分防御，否则就等于落入对方要你认错的圈套。在尽量听完批评的情况下，再将话题转到"那我们针对你的批评如何改进呢”这一方面。

9. 避免站在自己的立场一亡辩解，应多问问题。只有问问题才能避免对方进一步的攻击。尽量问“什么”，而避免问“为什么”。问“什么”时，答案多半是事实，问“为什么”时，答案多半是意见，就容易有情绪。

机遇是前体，努力是根本

人们常常引用苹果落在牛顿脚前，导致他发现万有引力定律这一例子，来说明所谓纯粹偶然事件在发现中的巨大作用。但人们却忽视了，多年来，牛顿一直在为重力问题苦苦思索、研究这一痛苦的过程。在这一漫长的过程中，牛顿思考了该领域内的许多问题及其相互之间的联系，可以说，关于重力的一些极为复杂深刻的问题，他都反复思考、推敲过。苹果落地这一常见的日常生活现象之所以为常人所不在意，而能激起牛顿对重力问题的理解，能激起他灵感的火花，并进一步做出异常深刻的解释，很显然，这是因为牛顿对重力问题已有了深刻的理解的结果。因此，成千上万个苹果从树上掉下来，却很少有人能像牛顿那样发现万有引力定律。

同样，从普通烟斗里冒出来的五光十色的像肥皂泡一样的小“彩球”，这在常人眼里就跟空气一样普通，当然也很少有人去研究这一现象；但正是这一现象使杨格博士创立了著名的光干扰原理，并由此发现了光衍射现象。人们总认为伟大的发明家总是论及一些十分伟大的事件或伟大的奥秘，其实像牛顿和杨格以及其他许多科学家，都是从研究一些极普通的现象着手的，他们的过人之处在于，能从这些人所共见的普遍现象中揭示其内在的、本质的联系。

所罗门说过："智者的眼睛长在头上，而愚者的眼睛是长在脊背上的。"只有那些富有理解力的眼光才能穿透事物的现象，深入到事物的内在结构和本质之中去，他们才能看到差别，进行比较，抓住潜藏在表象后面的更深刻、更本质的东西。在伽利略之前，很多人都看到悬挂着的物体有节奏地来回摆动，但只有伽利略才从中做出了有价值的发现。比萨教堂的一位堂守在给一盏悬挂着的油灯添满油之后，就离去了，听任油灯来回荡个不停。伽利略这时是一个18岁的小伙子，出神地看着油灯荡来荡去，由此他想出了一个计时的主意。此后，伽利略经过50年的潜心钻研，才成功地发明了钟摆，这一项发明对于精确地计算时间和从事天文学研究具有十分重大的作用。即使在今天，无论我们怎样来估计它的作用也不会过分。有一次，伽利略偶然听到一位荷兰眼镜商发明了一种仪器，借助于这种仪器，能清楚地看清远方的物体。这促使伽利略认真研究这一现象背后的原理，导致他成功地发明了望远镜，从而奠定了现代天文学基础。以上这些发明，绝对不可能由那些漫不经心的观察家或无所用心的人创作出来。

有些人走上成功之路，的确归功于偶然的机遇。然而就他们本身来说，他们确实具备了获得成功机遇的才能。

许多人相信掷硬币能碰运气，而且认为事业的成功也大都这样。但好运气似乎更偏爱那些努力工作的人。没有充分的准备和大量的汗水，一个好的机会就会眼睁睁地从手边溜走。

有许多发现和发明看起来纯属偶然，其实，仔细探究就会发现，这些发现和发明绝不是什么偶然得来的，也不是什么天才灵机一动或凭运气得来的。事实上，在大多数情形下，这些在常人看来纯属偶然的事件，不过是从事该项研究的人长期苦思冥想的结果，也就是说，纯粹的偶然性虽以偶然事件的形式表现出来，但它其实也是在不断实验和思考之后所必然出现的一种形式。

快乐工作，快乐生活

26岁的时候，爱因斯坦就达到了一个世界级科学家所能达到的巅峰。他在同一年内连续发表了三篇重量级的文章：证明了分子的存在；提出了光量子的假说；开创了物理学的新纪元——相对论。36岁的时候，几乎已经完成了他一生中最重要的科学成就。

此刻他已经成了注定要与牛顿齐名的人，法拉第和麦克斯韦的电磁场理论使他的相对论在20世纪获得凯旋的基础，这使爱因斯坦一生都对这两位英国物理学家拥有一份珍爱。

爱因斯坦曾戏谑现代物理学使所有的物理学家都成了哲学家，并认定任何科学的发现越是接近真理，就越应该简捷且富于美感。

“为什么不能把电磁场、引力场、强核场、弱核场统一起来呢？”这个问句，几乎穷尽了爱因斯坦生命中的最后的研究岁月，直到他逝世，也没能看到他的“统一场”理论的确立，为此，他和另一位著名物理学家尼尔斯·玻尔争论了30年，许多人都渐渐站到了玻尔一边去了。人们为他惋惜，认为像爱因斯坦这样的天才，将自己的后半生投入“统一场”这样一个看不到终点甚至可能是错误的跋涉中，有碍他一世的英名。

一天，爱因斯坦在美国普林斯顿的家中，接待了远道而来的玻尔，席间再次谈起了“统一场”理论，爱因斯坦说：“我知道，你们都不相信“统一场”理论会成功。连我自己也不大相信“统一场”理论会在我手里完成。可是，在科学上，每一条道路都应该走一走。发现一条走不通的道路，就是对于科学的一大贡献。我们的科学史，只写某人某人取得成功，在成功者之前探索道路的，发现‘此路不通’的失败者统统不写，这是很不公平的。那种证明‘此路不通’的吃力不讨好的工作，就让我来做吧。我已经有点名气了，浪费一点时间没关系。”

爱因斯坦喜欢叔本华，喜欢他“人虽然能够做他想做的，却不能要他想要的”这句名言。对变幻莫测的人生，抱有一份超凡脱俗的豁达，这使他的后半生埋首耕耘，不问收获。

如果请问那些事业非常成功的人们，是否愿意在没有优厚的金钱回报下，还继续从事他们的工作？大部分的人都会回答：“绝对是的！我不会有丝毫改变，因为我热爱我的工作。”想要攀登成功之阶，最明确的方法就是选择一件即使酬劳不多，你也愿意做下去的工作。当你热爱你所从事的工作时，金钱就会尾随而至。而你也将成为人们竞相争取的对象，并且得到丰厚的酬劳。

有很多在各行各业取得杰出成就的人，都是非常热爱工作、不计报酬的，他们把工作本身当作了最大的快乐，因此工作起来干劲十足，能够克服许多常人难以克服的困难和障碍，完成其他人望而却步的工作。

以高度的热情对待自己的职业

有一个美国记者到墨西哥的一个部落采访。这天是个集市日，当地土著人都拿着自己的物产到集市上交易。这位美国记者看见一个老太太在卖柠檬，五美分一个。

老太太的生意显然不太好，一上午也没卖出去几个。这位记者动了恻隐之心，打算把老太太的柠檬全部买下来，以便使她能“高高兴兴地早些回家”。

当他把自己的想法告诉老太太的时候，她的话却使他大吃一惊：“都卖给你？那我下午卖什么？”

曾有人说：“人生的最大生活价值，就是对工作有兴趣。”做同一件事，有人觉得做得有意义，有人觉得做得没意义，其中就有天壤之别。做不感兴趣的事所感觉的痛苦，仿佛置身在地狱中。过去做事情觉得非常愉快的人并不多，每个人对工作的好恶不同，假使能把工作趣味化、艺术化、兴趣化，就可以把工作轻松愉快地做好。一位著名的西方学者说：“必须天天对工作产生新兴趣。”这位学者所指的就是工作要趣味化、兴趣化。人生并不长，因此最好尽量选择适合你兴趣的工作。工作合乎你的兴趣，你就不会觉得辛苦。

爱迪生曾说：“在我的一生中，从未感觉在工作，一切都是对我的安慰……”

大仲马的写作速度是惊人的。他一生活了68岁，到晚年自称毕生著书1200部。他白天同他作品中的主人公生活在一起，晚上则与一些朋友交往、聊天。有人问他："你苦写了一天，第二天怎么仍有精神呢？"他回答说："我根本没有苦写过。"

"那是怎么回事呢？"

"我不知道，你去问一棵梅树是怎样生产梅子的吧！"看来大仲马是把写作当作了乐趣，当作了生活的全部。

千万不要和朋友这样谈论自己的老板和公司："我要应付那些我不愿做的事。为什么一定要给那个讨厌的工头干活？老板一点也不了解我，信任我。"这样你容易给人一个消极、爱发牢骚的印象，也会使你自己丧失上进的动力和兴趣，从而阻碍你的发展。

不成功人士往往面带一种愠怒厌世的表情。他们不喜欢他们的工作和他们生活的世界，怀疑他们周围的人都是不诚实和愚笨的。他们把一切都看得那么黑暗并用他们自己对生活的绝望态度和无所寄托的颓丧情绪影响着他们周围的人。一位在北加利福尼亚的朋友能胜任并完成每天的工作。但是她无论走到哪里不是抱怨空调太冷就是抱怨太热。她贬损老板，埋怨工作。她对同事们说，工作是浪费时间。在两年内她已经失去过五次工作而仍未从任何她曾为其工作过的人那儿获得有益的经验。

美国哲学家、散文家及诗人爱默生说过："没有热情，任何伟大的业绩都不可能成功。"

正确的思想，会使任何工作都不再那么讨厌。老板要你对工作感兴趣，他才好赚更多的钱。但是我们何不忘掉老板想要什么，而只是想着：对工作感兴趣，对自己有好处。提醒自己，这样可能使自己从生活中获得加倍的快乐，因为你醒着的时候，约有一半时间要花在工作上，要是在工作中找不到快乐，就绝不可能再在任何地方找到它。不断提醒自己，对自己的工作感兴趣，可以将你的思想从忧虑上移开，而最后，还可能带来晋升和加薪。即使不这样，也可以把疲乏减至最少，并帮助你享受自己的闲暇时光。

工作着并快乐着

赖一鸣是一家汽车维修公司的二级修理工，上班时他不是拧螺丝，就是开车床，整天得跟这些油腻腻的汽车零件打交道，工作无聊到极点。可是，他却不能放弃这些，因为他必须以此为生。于是，赖一鸣就下决心把自己的工作变成新的样子，便开始着手研究汽车的构造是怎样的，为什么汽车能行走？行走一段时间后为什么会发热？汽车运行原理同火车行走有什么不一样？这样一来，他的这份工作对他就很有吸引力。经过努力，他成为该汽车维修公司的维修专家，后来被送到一所职工大学攻读“机械制造”。

同是汽车修理，为什么赖一鸣原来就觉得乏味，而后来就感到快乐呢？原因就在于他给自己的工作注入了生命，培养了对自己工作的兴趣。

当我们在做自己喜欢的事情时，很少感到疲倦，很多人都有这种感觉。比如在一个假日里你到湖边去钓鱼，整整在湖边坐了10个小时，可你一点都不觉得累，为什么？因为钓鱼是你的兴趣所在，从钓鱼中你享受到了快乐。产生疲倦的主要原因，是对生活厌倦，或对某项工作特别厌烦。这种心理上的疲倦感往往比肉体上的体力消耗更让人难以支撑。心理学家曾经做过这样一个实验。他把18名学生分成两个小组，每组9人，让一组的学生从事他们感兴趣的工作，另一组的学生从事他们不感兴趣的工作，没有多长时间，从事自己所不感兴趣的那组学生就开始出现小动作，工作一会儿就抱怨头痛、背痛，而另一组的学生正干得起劲呢！

“我怎么样才能在工作中获得乐趣呢？”一位企业家说：“我在一笔生意中刚刚亏损了15万元，我已经完蛋了，再没脸见人了。”

很多人就常常这样把自己的想法加入既成的事实。实际上，亏损了15万元是事实，但说自己完蛋了，没脸见人，那只是自己的想法。一位英国人说过这样一句名言：“人之所以不安，不是因为发生的事情，而是因为他们对发生的事情产生的想法。”也就是说，兴趣的获得是个人的心理体验，而不是发生的事情本身。

事实上，生活中的很多时候，我们都能寻找到乐趣，正如亚伯拉罕林肯所说的：“只要心里想快乐，绝大部分人都能如愿以偿。”但现实中的许多人不是从生活中、从工作中去寻找乐趣，而是去等待乐趣，等待未来发生能给他带来快乐的事情。他们以为自己结婚以后，找到好工作以后，买下房子以后，孩子大学毕业以后，完成某项任务或取得某种胜利以后，就会快乐起来。这种人往往是痛苦多于快乐。他们不理解快乐是一种心理习惯，一种心理态度。这种态度是可以加以培养发展起来的。假如你是一个电话接线生或是一个小公司的会计，你因每天都做着相同的工作，处理客户的来电、统计报表等单调无味到了极点；假如你想让自己的工作变得有趣一点，你就可以把自己每天的工作量都记录下来，鞭策自己一天要比一天进步，第二天的工作要胜于前一天，一段时间后，你也许会发现你的工作不再是单调、枯燥，而是很有趣。因为你的心理上有了竞争，每天都怀有新的希望。难怪心理学家加贝尔博士说："快乐纯粹是内在的，它不是由于客体，而是由于观念、思想和态度产生的。不论环境如何，个人的活动能够发展和指导这些观念、思想和态度。"

这些观点尽管有一些偏激，但它可以支配人们排除外界条件的影响，还可以帮助人们对生活中司空见惯的工作带来新鲜的、朴实的感觉，不管这项工作对其他人来说也许早已变得非常乏味。每一件事，每一个人，从一定的意义上说都是珍奇独特的，只要愿意，这一切都是无穷无尽的快乐的源泉。只要你用快乐的心情去感受，你就能感到你身边工作的快乐。

学会从工作中获得乐趣，即在苦中亦能寻乐，那将是你人生成功的又一秘诀。终日自怨自艾，只是无益地自寻苦恼；心中充满快乐时，自然感到身边的工作也有趣。

这里介绍几种从工作中获得乐趣的方法。

1. 把工作看成是创造力的表现

现实中的每一项工作都可以成为一种具有高度创造性的活动。一位教师上一节好的课，不逊色于编排一出精彩的戏剧，一个运动员完美无缺的动作，从创造的角度来看，可以与十四行诗那样的作品相媲美，并且可以获得同样的精神享受。也许你会说自己是一名家庭主妇，并没有从事任何创造性的事业。这你就错了。你是否想过，你的一日一餐就如设宴一样；你对桌布、餐具的鉴赏力都有独到之处，能别出心裁，怎么说没有创造性呢？年轻的画家也许能从你那里得到启示：第一流的汤可以比第二流的画更富有创造性。

2. 把工作看成是自我满足

为了自我满足而从事体育运动是一种乐趣。如果这是强制的运动，就未必是愉快的。一位产科大夫似乎心情特别愉快，因他刚刚接生了第100名婴儿，一名足球运动员也因自己刚踢进10个球而欣喜若狂。现在，他又为自己能踢进11个球而兴高采烈地开始了新的训练。

3. 把工作看成艺术创作

有一次，一位教授指着一位在附近挖排水沟的工人赞赏地说："那是一个真正的艺人。看着那些污泥竟能以完美的抛物线形飞过空中，恰好落到他想让它落下的地方。"假如每个人都把自己的工作当成艺术创作，把自己单调、枯燥的打字看成是在钢琴前创作新的圆舞曲，把你在厨房炒菜，看作是油画创作，油、盐、酱、醋就是你的颜料，炒出的新花样就是你创作的新作品。

4. 把你的工作变为娱乐活动

把工作看作娱乐，就能以工作作为消遣。在实际中很多人正是这样做的。请记住劳动和娱乐的不同就在于思想准备不同。娱乐是乐趣，而劳动则是"必做"的，假如你是职业足球员，如果把注意力放在娱乐上，你就可以和业余足球员一样，更加投入比赛。这里不是说比赛本身不重要，而是不要把全部精力集中到比赛这个"赌注"上，而忘记了踢球本身就是娱乐。常常是忘记了"比赛"，获胜的机会更大。

5. 将幽默带到工作中去

注入热情，消除厌倦，从而使你的情绪状态达到顶峰的战术是激活你的幽默感。幽默感是一种视困难为充满乐趣的挑战的精神，这对你能否有最佳工作表现而言是不可或缺的重要条件。乐趣是人类的兴奋剂。有了乐趣，人们工作起来会更加津津有味，也就会更有效率。把幽默带到你的工作中去，将增加你对工作的理解，驱除紧张感，还能进一步使你富有洞察力和控制力。

你怎样才能“活得乐滋滋”呢？这不像改变你的食谱那么简单。但如果在你的周围摆放一些幽默材料——让你的办公室随处可见笑话、卡通画、喜剧片、幽默新闻以及电子邮件、滑稽图案等物品——以及通过积极主动地培养你从环境中随时随地体会幽默的能力，你就能够处于可获得最佳表现的精神状态之中。

要懂得感恩

生而为人，我们要感谢父母的恩惠，感谢国家的培养，感谢师长的教导，感谢大众的热忱帮助。没有了这些条件，我们能够在社会上生存下去吗？

感恩不仅仅是一种美德，也是一个人之所以为人的基本条件！

许多成功人士在谈到自己成功经历时，往往过分强调个人努力的因素。事实上，每个登峰造极的人，都获得过别人的许多帮助。一旦你订出成功目标并且付诸行动之后，你就会发现自己在不断获得许多意料之外的支持。你应该时刻感谢这些帮助过你的人，感谢上天的眷顾。

人们可以为一个陌路人的点滴帮助而感激不尽，却无视朝夕相处的老板的种种恩惠，将一切视之为理所当然。

但是员工和公司老板之间的关系不仅仅是雇用和被雇用的契约关系。我们是否想过：在这种契约关系的背后，有一些同情和感恩的成分。

每一位老板和员工之间并非是对立的：从商业的角度，是一种合作共赢的关系；从情感的角度，也有一份感情和友谊。

我们要学会感恩，感激给我们提供工作舞台的人。这是我们获得职位，取得成就必须具备的一种心态！

时常怀有感恩的心情，你会变得更谦和、可敬且高尚。每天都用几分钟时间，为自己能有幸成为公司的一员而感恩，为自己能遇到这样一位老板而感恩。所有的事情都是相对的，不论你遭遇多么恶劣的情况。

当你准备辞职调换一份工作时，同样也要心怀感激之情。在辞职前仔细想一想，自己曾经从事过的每一份工作，所带给自己的每一点收获和教益，这些都是你走向人生未知旅途的能力储备。

与溜须拍马不同，感恩是自然的情感流露，是不求回报的。一些人从内心深处感激自己的老板，但是由于惧怕流言蜚语，而将感激之情隐藏在心中，甚至刻意地疏离老板，以表自己的清白。这种想法是何等幼稚啊！如果我们能从内心深处意识到，正是因为老板费尽心力地工作，公司才有今天的发展；正是因为老板的谆谆教诲，我们才有所进步，才会心中坦荡。又何必去担心他人的流言蜚语呢？真正的感恩是真诚的，发自内心的，不是为了某种目的，迎合他人而表现出的虚情假意。

感恩并不仅仅有利于公司和老板。对于个人来说，感恩是富裕的人生。它是一种深刻的感受，能够增强个人的魅力，开启神奇的力量之门，发掘出无穷的智能。感恩也像其他受人欢迎的特质一样，是一种习惯和态度。

你是否曾经想过写一张字条给上司，告诉他你是多么热爱自己的工作，多么感谢工作中获得的机会？这种深具创意的感谢方式，一定会让他注意到你——甚至可能提拔你。感恩是会传染的，老板也同样会以具体的方式来表达他的谢意，感谢你所提供的服务。

感恩没有成本付出，却是一项重大的投资，对于未来极有助益！永远都需要感恩。推销员遭到拒绝时，应该感谢顾客耐心听完自己的解说，这样才有下一次惠顾的机会。老板批评你时，应该感谢他给予的种种教诲。

同时，我们也不要忘了感谢周围的人——我们的朋友和同事，因为他们了解你、支持你。大声向他们说出你的感谢，让他们知道你感激他们的信任和帮助。

很快地，你将会发现，生活和事业因感恩而变得更美好！

第二章

从高起点做起

做人要“圆滑”

孔子年轻的时候，曾经受教于老子。当时老子曾对他讲“良贾深藏其若虚，君子盛德貌若愚”。意思是说，善于做生意的商人，总是隐藏其宝货，不令人轻易见之；而君子为人，品德高尚，容貌却显得愚笨。其深意是告诫人们，过分炫耀自己的能力，将欲望或精力不加节制地滥用，是毫无益处的。中国旧时的店铺里，店面上一般不陈列贵重货物，店主们总是把它们收藏起来。

遇到有钱又识货的人，才告诉他们好东西在里面。倘若随便将上等商品摆放在明面上，岂有贼不惦记之理。不仅是商品，人的才能也是如此。俗话说“满招损，谦受益”，才华出众而又喜欢自我炫耀的人，必然会招致别人的反感。所以，无论才能有多高，都要善于隐匿，即表面上看似没有，实则充满了境界。

道家《庄子·养生书》一书中还指出“安时而处顺，哀乐不能入也”。这句话的意思是，能够安于时代潮流、因袭自然法则的人，悲哀和欢乐就不会占据他的内心。这是一种自然的生活方式。有一些人为了出人头地，达到自己的目的，往往不顾一切，拼命去争取。而一旦遭到挫折或打击，往往会意志消沉，一蹶不振。实际上，在生活中的确需要认真地工作，可是，如果过犹不及地违背了自然规律，岂不遗憾终生吗？

深藏不露是一种高层次的谋略，也是成大事的基本素质之一，更是糊涂学必不可少的一个重要法则。在生活中，我们不难发现，那些口若悬河好出风头、心中藏不住半点秘密的人一定是非常浅薄的。时间长了，也令人反感乃至厌恶。相反那些看来口齿笨拙或者总是隐藏自己才干的人，却往往成竹在胸，计谋过人，更容易成功。

过去说“宰相肚里能撑船”，是说大人有大量，这个“大量”也包括镇定自若，胸中自有百万雄兵，能藏得住秘密，不会显山露水。实际上，宰相肚里的船，不会撑到外面去，心机只有自知。肚子里无论怎么计策谋划仍然不动声色，等对手麻痹了，放松了，就可以悄无声息地随意处置对方。或者，至少让人相信你是一个诚实的人，不会陷害或攻击对方，让人对你发生好感，这是一种非凡的人格修养，并容易获得别人的信任。试想，如果你肚子里什么都包藏不住，这边听了那边说，谁还会相信你呢？

所以说，“真作假时假亦真，无为有时有还无”，方圆处世，灵活变通则长治久安。

成功之门要自己开

“明修栈道，暗度陈仓”早已经成为我国古代战争史上的著名成功战例。

秦朝末年，秦二世残暴专横，民怨沸腾，群雄并起，纷纷反秦。在长年征战的过程中，亭长出身的刘邦首先率领部队攻进咸阳，灭掉了秦国。势力强大的项羽进入关中后，逼迫刘邦退出关中，并摆下鸿门宴邀请刘邦，准备伺机杀死刘邦。

刘邦此次脱险后，率领部队退驻汉中。不仅如此，为了麻痹项羽，刘邦还在撤退的时候，将汉中通往关中的栈道全部烧毁，以表明自己永远不再返回关中的决心，让项羽放松警惕。而事实上，刘邦一天也没有忘记要彻底打败项羽，一统天下。公元前206年，已逐步强大起来的刘邦，派大将军韩信出兵东征。出征之前，韩信派了许多士兵去修复已被烧毁的栈道，摆出要从原路杀回的架势。关中守军听说了这一消息之后，马上派人密切注视修复栈道的进展情况，并把主力部队集结到栈道沿线的各个要塞，日夜防范，准备阻止汉军进攻。

就这样，韩信通过明修栈道的方式，成功地吸引了项羽军队的注意力，把敌人的主力引诱到了栈道一线。就在敌人继续关注栈道修复情况的时候，韩信悄悄率领大军绕到陈仓，突然发动袭击，一举打败驻守在那里的大将章邯，并迅即进入中原，为刘邦统一天下迈出了决定性的一步。

不仅仅在战场上，在职场上，暗度陈仓也是比较常用的策略。有些时候，你所从事的工作可能不是很忙，你可以在业余时间里学一些自己比较感兴趣的东西，做一些自己很愿意做的事情，为自己的发展铺好路。

小王还在企业工作的时候，办公室就一个主任和两个兵，主要工作就是办好企业简报。主任不但干工作轻车熟路，他朋友也较多，平时爱喝酒，打麻将，在主任的带领下，两个兵跟主任学了不少书本上没有学到的社会知识，工作也完成得很好。小王作为一个初入社会的年轻人，不甘愿当一个“跟屁虫”，总想用自己的方式表达自己的思想，所以就很注意主任的为人处世方式，同时，业余时间就练习写作，节假日也研究报纸版面，时不时地向报社投一篇稿子。当企业准备精简管理人员时来了一个竞争上岗，演讲时他不但慷慨陈词，也亮出了自己在报纸上发表的一些文章，由此引起厂党委书记的注意，说他平时不显山不露水，关键时候还真有两下子，自然，小王就得到了重用。之后，他因在树立企业形象方面做出了不少贡献，厂里两年给他涨了三级工资，引起许多人的羡慕。

后来，他考入政府机关，工作再忙也不忘学习党的理论，再怎么休闲也不丢技能的训练以等待时机，寻求发展。所以，提醒初入社会的年轻人，由于时机不成熟，你现在不得不跟在别人的后面，待遇也可能很不理想，目前你只有暗暗学点儿一技之长，一旦时机成熟，那你就能找到发展的机会。

开启人际关系之锁

善于处理与周围人群的关系，对于一个职场中的人来说，说来容易，但是真正做起来却是极难的。处理人际关系根本就不像做一本练习题，也不像制作一个仓库的录像带，这里面极其复杂，所谓百人有百性，与不同的人交往必须要用不同的方法才可以，这就自然会给人际关系的处理带来许多有时想也想不到的意外之事。

尤其是在现代社会中，商品经济大潮汹涌澎湃，一方面卷起了浪花，同时也带起了很多沙砾，所谓物欲横流，人心不古。你很难说别人是怎样一个想法，实际上现代人更加封闭、更加隐秘。稍有不慎便很有可能陷入泥沼中难以自拔。前几年，据某电台广播报道，有一人在抽烟时，香烟突然间爆炸，造成此人面部烫伤，手指成为开放性骨折，这可谓是怪事。人际关系有时候就像这支会爆炸的香烟，谁知道它什么时候会爆炸呢？

如此说来，似乎是人心险恶，步步艰难了。当然事实也并非如此，俗话说："一把钥匙开一把锁。"也就是说只要是锁就有钥匙能打开它，有锋利的矛也就必然有坚硬的盾。同样的道理，人际关系处理虽不是件易事，却也可以处理得好。只是法无定法，而这"法无定法"本身便是一种绝妙的"法"，在职者正应遵循着法无定法的有“法”之路，以不变应万变，巧妙施法，才能立足于社会。

职场中的人要顺应社会、适应环境，就必须注意调整自身，真正做到谨言慎行。相对于普通人来说，职场中的人就更需谨言慎行，注意自我形象。为职者的一言一行不仅仅是个人的问题，还代表着某个组织或者某个集体的形象，同时亦有榜样示范的性质。你的举手投足，言谈话语，无不向周围的人群展示着某种不确定的信息，而其他的人也往往会注意这些细节，以便察言观色，所以，职场中的人应时刻注意自己的言行。

上司一般都很赏识聪明、机灵、有头脑、有创造性的下属，这样的人往往能出色地完成任务。有能力做好本职的工作是使上司满意的前提，你若被人认为是无能之辈，就很危险了。但无论如何一定要学会把功劳归于上司。

常有人会说这种客套话：我能获得好成绩，完全是上司和同事们协助的成果。这种客套话虽然很乏味，却有很大的妙用，显得你谦虚谨慎从而减少他人的嫉恨。好的东西，每一个人都喜欢，越是好吃的东西，越是舍不得给别人，这是人之常情。如果你有远大的抱负，就不要斤斤计较自己的得失，而应大大方方地把功劳让给你身边的人，特别是让给你的上司。当上司脸上有光彩，以后自然少不了给你更多建立功绩的机会。反之，如果你凡事精打细算，急功近利，则很容易得罪身边的人，日后一定会吃亏的。

尺有所短，寸有所长

千人就有千面孔，而且各有不同。有平原的平坦开阔就有高山的巍峨挺拔，有陆地就有大海，我们不应该求全责备，谁也找不到一个完美无缺的人。如果一个人没有短处的话，也就必然没有了长处，这不是无稽之谈，是符合辩证法规律的，正如没有乌云遮住太阳，也就不会产生降水现象一样，尺有所短，寸有所长。一个明智的人，应当正视人的长处，而宽容人的短处，应当重视别人，多多听取别人的建议。

三国时期，刘备就是一个谦恭爱人、为人仁义的君主，他对待自己手下的将士总是倍加关爱，善于发现他们每个人的长处并加以利用而不过多计较他们的短处，这才有关云长千里走单骑护送嫂夫人，才有赵子龙在千军万马中救出阿斗。刘备比较自谦，他很少去指斥别人的缺点，常常是量才所用，因材施职。这样就能够使手下的将领们紧紧地团结起来，英勇作战。

在《道德经》中有一句名言是：“知不知，尚矣。”意思就是说，明明你知道，却又装作不知道，这是很高明的做法。记得扬州八怪之一的郑板桥也曾说过“难得糊涂”的警句，尽管这句话的本意与我们现在人所理解的有一些出入，但是“难得糊涂”确实应该是我们做事铭记于心并且付诸实践的座右铭。

必须记住，再愚钝的人也可能想出一个好办法来，再聪慧机智的人，也难免有失误之处，也总会有马失前蹄的时候。我们并不是去讥笑智者百思之后仍然不能避免的“一失”，最重要的是要提醒大家，千万不要忽视了愚者那珍贵的“一得”，不能随随便便地认为某某人蠢笨就一定不会想出什么妙招儿来，并因此而瞧不起别人。因为智者的观点和建议常常是我们关注的焦点，而愚者的观点和建议却常常会被忽略。

无论你自己本身多么伟大，多么不寻常，也应该注意听取别人的意见。有的人认为自己很了不起，所以常常忽略别人的观点。其实，越是伟大的人越应注意听取别人的意见。“从群众中来，到群众中去”，毛泽东的“群众路线”不正是很好的体现吗？

如果你总是闭目塞听，常常自以为是，就无异于闭门造车。古人有“听君一席话，胜读十年书”之说，由此可见，善于听的人常常可以通过听别人的议论，拓宽视野，增加知识，获取经验。增长见识，丰富阅历，是自我完善的有效途径。古代时，子产不毁乡校便是广泛听取乡校中的议论，采纳雅言，见证得失，以乡野的议论作为镜子，及时发现失误和长处，及时采取有效的措施。

俗话说：“三个臭皮匠，顶一个诸葛亮。”一个人不管多么聪明，对问题的看法也不可能精准全面，即使对问题的看法正确，实现的过程也未必就能做到无懈可击，而他人的意见恰能弥补这些不足。古人云：“智者千虑，必有一失；愚者千虑，必有一得。”其实，任何人都有自己思维的独到之处。因此，从这个意义上说，别人的意见也是一笔财富，它能使我们集思广益，抛弃带有局限性的想法，不断矫正自己前进的方向，避免因意气用事而走弯路，正可谓“兼听则明”。听取别人的意见，也表明对他人的尊重，有利于维护同志之间亲密友善的关系，使自己获得一个好人缘。

其次，还要善于听，而不能乱听，听了以后还要想一想。如果听了以后便当是耳旁风不加理睬，这样的听就无异于竹篮打水一场空。如果你在听了之后全都牢牢记在心里，但是不加区分，也不加选择，听一句就记一句，就可能又会使自己的思路出现“十”字形的岔口，最后，还是众说纷纭，莫衷一是。

很多历史的教训告诉我们，善于听取别人的意见和建议，最大的好处在于能够笼络人心为己所用。为职者如果善于倾听别人的议论和观点，就会使别人心中感到自己受到了重视，从而对你产生好感。尤其在某些比较复杂难办的事情的处理上，听取别人的意见和建议，常常会产生意想不到的效果，如果你总是善于从别人的建议中找到金子一般的东西，你很快就会变成一颗钻石。

拐弯抹角

水潭的水到底有多深，眼睛是看不到的，但是只要往里面投一颗石子，就可以知道水到底有多深了。现实生活中，一件事情很复杂，绝不像一潭水那样轻而易举。想要摸清实情，也不会像投入水潭一颗石子那样轻而易举，因此，投石测水的策略在现实中就复杂得多，需要更多的智慧。

比如，你想说服别人，直截了当地表明意见，非但无效，反而让人厌憎。不如先绕圈子，弄清他心里真正的渴求，方可取得良好的效果。

春秋战国时期的楚庄王是一位比较贤明的君主，他在识别人才上有着自己独特的方法。楚庄王登基之初并不是一位值得称道的好皇帝，相反他一直纵情享乐不理朝政。其实，这只是楚庄王的一个策略而已，但他并没有告诉任何人，而是自己暗暗地按照自己的意志进行，并在暗中观察。

在三年的时间里，楚庄王将国家大事都置之不理，却是整日纵情歌舞，沉溺于酒色。但是他不但不理会众多大臣的非议，反而在国内贴出告示，实行“谏者处以死刑”。这道命令一下，朝中的大臣们终日惶惶恐恐犹豫不决，都不知如何是好。这时一些奸诈之人就开始想尽办法，曲意逢迎。他们心想：只要哄得大王欢心就不愁升官发财了。

实际上每个朝代都有这样的奸臣，但也有敢于直言进谏的忠臣们，楚庄王的身边也不例外。开始的时候，有些大臣觉得大王刚登基，难免有享乐之念，便没有提出什么意见。但随着时间的推移，大臣中有些人就开始对楚庄王的行径表示出担忧了。尽管楚庄王张贴了“谏者处以死刑”的告示，仍然有些忠心耿耿的大臣敢于冒死求见庄王，直言进谏。

大臣伍举就是一个忠心之臣，他一心辅佐楚庄王坐稳江山。谁知楚庄王登基三年，三年终日享乐不理朝政。由于楚庄王的举动很不得人心，伍举的担心日渐加重，因此他决心冒着生命的危险直言相谏。于是伍举冒死求见楚庄王，对楚庄王说：“大王，臣斗胆想请您猜一个谜。”“哦，爱卿好兴致呀，快说来与寡人听听。”楚庄王一听是要玩猜谜，开始表现得眉飞色舞兴奋不已。伍举说：“大王，在山冈上有一只鸟，但有三年的时间它既不飞也不叫，请问大王，这还能算是鸟吗？”

楚庄王一听此话心中便已有数，但是表面仍不动声色。沉吟了一会儿，他才说道：“三年不飞，但一飞冲天；三年不鸣，但一鸣惊人。寡人明白你的意思，你先回去吧。”

伍举心里顿时明白了：大王贪图享乐只是假象，心里却在思考宏图伟业，于是，他放心地回去了。

果然，不久后，楚庄王便不再纵情享乐了，迅速开始致力于政治革新。他首先对那些整天围绕在他的身边、与他一起吃喝玩乐的谄媚之人给予处分，接着又任命曾经冒死进谏的伍举等人。经过一番治理，整个国家面貌焕然一新。

从这个故事，我们可以看出，楚庄王一开始的吃喝玩乐并不是单纯的享乐，而是以此为挡箭牌，暗中进行观察，从而分辨出哪些人是可用之才，而哪些是无用之才。而伍举也不愧为贤臣，他没有直截了当地与楚庄王“不得进谏”的禁令作对，而是绕着圈子试探楚庄王的心迹，终于得到了满意的回答。

在与人交往中，绕圈子看似效率不高，有时却是达成目的的最好方法。

大丈夫能屈能伸

在人生的大舞台上，不论是上台，还是下台，都能自如自在，便是难得的大境界了。

某公司有这样一位小伙子，有文化，有事业心，工作非常努力，人也很有才干，大家都知道他很想当科长，同时也都认为他有当科长的能力。后来他真的被提升了，看他每天办公、开会，忙进忙出，兴奋中难掩骄傲的神色，大家都替他高兴，也希望他能更上一层楼。可是过了一年，他“下台”了，被调到别的部门当专员。据说，得知消息的那天，他锁上办公室的门，一整天没有出来。当了专员后，大概难忍失去舞台时的那种落寞，他日渐消沉，后来变为一个愤世嫉俗的人，再也没有升迁过……

事实上，人生的舞台本就如此。如果你的条件适合当时的需要，当机缘一来，你就上台了。如果你演得好演得妙，你可以在台上久一点，如果唱走了音，演走了样，老板不叫你下台，观众也会把你轰下台；或是你演的戏已不合潮流，或是老板就是要让新人上台，于是你就下台了。

上台当然自在，可是下台呢？难免神伤，这是人之常情，但我们认为还是要“上台下台都自在”。所谓“自在”指的是心情，能放宽心最好，不能放宽心也不能把这种心情流露出来，免得让人以为你承受不住打击；你应“平心静气”，做你该做的事，并且想办法精练你的“演技”，随时准备再度上台，不管是原来的舞台或别的舞台，只要不放弃，终会有机会。另外还有一种情形也很令人难堪，就是由主角变成配角。如果你看看电影、电视的男女主角受到欢迎、崇拜的情况，你就可以了解由主角变成配角的那种难过心情。

由主角变成配角的时候不必悲叹时运不济，也不必怀疑有人暗中搞鬼，你要做的就是“平心静气”，好好扮演你“配角”的角色，向别人证明你主角、配角都能演。这一点很重要，因为如果你连配角都演不好，那怎么能让人相信你还能演主角呢？如果自暴自弃，到最后就算不下台，也必将沦落到跑龙套的角色，人到如此就很悲哀了。如果能把配角扮演好，一样会获得掌声。

有研究沈从文先生的专家认为，沈先生的个性决定了他从事任何一种工作都会有成就。当群众集会，人潮汹涌不息，口号响彻云霄，声言打倒他的时候，沈先生仍然十分平静，默默地认真地做自己的工作。也正是有这种顺其自然的性格，沈先生对拔草、打扫厕所、陪斗审查等能自如应付。不难看出，顺其自然是一种成功的性格模式，它不仅能使一个人适应各种环境，在无法改变客观条件的前提下，通过改变自己的主观状态来求得人生的发展。

著名艺术家韩美林曾经谈起他的炼狱之苦，因为难以忍受饥饿，为了生存，韩美林在众目睽睽之下吃掉了别人扔掉的、爬满苍蝇的5个包子皮。如今的人根本无法想象：在那个年月，韩美林一听到碗响或“米”字就会本能地流口水，浑身发颤。

经过如此多的炼狱，韩美林挺过来了。他写道：“20多年后的今天，这5个包子皮在我身上产生了多大能量？它成就了我多少事业？壮了我多少胆？它让我成了一条顶天立地的好汉，它练就了我一身铮铮铁骨，它让我悟出了人生最最深邃的活着的真理。我虽然沉入了这无边的人生苦海，我却摸到了做人的真谛。”

韩美林曾对学生讲：“你们可知道什么是一条汉子吗？一个多么高多么大的男子汉，就要有多么高多么大的支撑架。但这个支撑架全部都是由苦难、辛酸、羞辱、失落、空虚和孤独组合起来的。……你得踢着石头打着狗，你得忍无可忍地一忍再忍，难舍难分地一舍再舍……”

学会适当的顺应，是生活与生存的必然需要，否则容易导致“出师未捷身先死”的悲凉。而唯有能上能下，方能有效地保存实力，寻找机会，再展宏图。

做人要方圆兼备

“方”，即方方正正，有棱有角，指一个人做人做事有自己的主张和原则，不被人所左右。“圆”，即圆滑世故，融通老成，指一个人做人做事讲究技巧，既不超人前也不落人后，或者该前则前，该后则后，能够认清时务，使自己进退自如，游刃有余。

一个人如果过分方方正正，有棱有角，必将碰得头破血流；但是一个人如果八面玲珑，圆滑透顶，总是想让别人吃亏，自己占便宜，也必将众叛亲离。因此，做人必须方外有圆，外圆内方。

外圆内方的人，有忍的精神，有让的胸怀，有貌似糊涂的智慧，有形如疯傻的清醒，有脸上挂着笑的哭，有表面看是错的对。

“方”是做人之本，是堂堂正正做人的脊梁。人仅仅依靠“方”是不够的，还需要有“圆”的包裹，无论是在商界、官场，还是交友、情爱、谋职等等，都需要掌握“方圆”的技巧，才能无往不利。

秦朝末年，匈奴内部政权变动，人心不稳。邻近一个强大的民族东胡，借机向匈奴勒索。东胡存心挑衅，要匈奴献上国宝千里马。匈奴的将领们都说东胡欺人太甚，国宝决不能轻易送给他们。匈奴单于冒顿却决定：“给他们吧！不能因为一匹马与邻国失和嘛。”匈奴的将领们都不服气，冒顿却若无其事。东胡见匈奴软弱可欺，竟然向冒顿要一名妻妾。众将见东胡得寸进尺，个个义愤填膺，冒顿却说：“给他们吧，不能因为舍不得一个女子与邻国失和嘛！”东胡不费吹灰之力，连连得手，料定匈奴软弱，不堪一击，根本不把匈奴放在眼里。这正是冒顿单于求之不得的。不久之后，东胡看中了与匈奴交界处的一片茫茫荒原，这荒原属于匈奴的领土。东胡派使臣去见匈奴，要匈奴以此地相赠。匈奴众将认为冒顿一再忍让，这荒原又是杳无人烟之地，恐怕只得答应割让了。谁知冒顿此次突然说道：“千里荒原，杳无人烟，但也是我匈奴的国土，怎可随便让人？”于是，下令集合部队，进攻东胡。匈奴将士受够了东胡的气，这一下，人人奋勇争先，锐不可当。东胡做梦也没想到那个痴愚的冒顿会突然发兵攻打自己，所以毫无准备，仓促应战，可哪里是匈奴的对手。战争的结局是东胡被灭，东胡王被杀于乱军之中。

其实，冒顿的这一手实际上就是“绵里藏针”。试想，冒顿如果一点实力都没有，匈奴早晚得让东胡给吞并掉。但如果一味强硬，不但迷惑不了对手，更激不起属下的士气，那么这一仗的输赢也就难说了。

“鹰立似睡，虎行似病。”真正的“方圆”之人是大智慧与大容忍的结合体，有勇猛斗士的武力，有沉静蕴慧的平和；面对大喜与大悲泰然不惊，前进时干练、迅速，不为感情所左右；退避时，能审时度势，全身而退。他们没有失败，只是面对挫折与逆境的积蓄力量的沉默。

老子在《道德经》中说：“曲则全，枉则直，洼则盈，敝则新，少则得，多则惑。”意思是说：“受得住委屈，方能保全自己，经得起冤屈，事理才能得到伸直，低洼反能盈满，凋敝反得新生，少取反而多得，贪多反而痴迷。”确实，在强大的对手高压下，在面临危机的时候，采取藏巧于拙、装糊涂，扮作“诚实”的样子，往往可以避灾逃祸，转危为安。虽然面临险境，或遇到突发事件而装傻装呆。这比临危不惧和视死如归的壮烈要保全得多。留得青山在，不怕没柴烧，以拙诚与对手周旋，确实不失为一种高明之术。

人生在世只要运用“方圆”之理，必能无往不胜，所向披靡；无论是趋进，还是退让，都能泰然自若，不为世人的眼光和评论所左右。

人无完人，取优摒糟

在一次大型的演讲会场，一位知名的社会学家和心理学家这样演讲道：

“如果现在有一位长得国色天香的美女来到我们的面前，任何一个人拿着一只500倍的放大镜来观看这位美女的脸庞，一定都非常失望，因为我们所看到的将是坑坑洼洼、凹凸不平的一张难看的脸；但现在我们每个人如果拿一只望远镜来看远处的一座高山，我们看到的将是青山绿水，绿荫葱葱，仿佛人间仙境，令人流连忘返。”

在人际关系中，有人总是拿着放大镜看别人，令对方原形毕露，显得一无是处，也使得自己无法信任他人，交不到朋友。相反，有的人则是拿着望远镜，始终都能欣赏到别人美好的一面，就是这个不拘小节的特性，使宾主尽欢，无往不胜。

但这不等于说，放大镜就没有用了，放大镜的焦点应对准自己，而非别人。如果能虚心地请求他人，对自己提出最严厉的批评，这样放大镜和望远镜都能同时发挥最大的效用。

我们常说：严于律己，宽以待人。的确，一个人，只有懂得如何欣赏和赞美别人，才不会被别人冷落，才能够有足够多的朋友和尽可能少的敌人。

唐代思想家柳宗元曾讲过这样一件事：一个木匠出身的人，技能极差，连自己的床都修不好，却声称能造屋，柳宗元对此将信将疑。后来，在一个很大的造屋工地上，柳宗元又看到这位老兄，只见他发号施令，指挥若定，众多工匠在他的指挥下奋力做事，有条不紊，秩序井然，柳宗元大为惊叹。对这个人应当怎么看？如果把他看成一个“棒槌”弃之不用，无疑埋没了一位出色的工程组织者。这一先一后，看似无所谓，其实很重要。

《水浒传》中的时迁，其短处非常明显——偷鸡摸狗成性，然而，他也有非常突出的长处——飞檐走壁。时迁上梁山后，被梁山的环境所感化，他的长处就派上了用场。在一系列重大军事行动中，军师吴用对他委以重任，使其长处得到应有的发挥，时迁因而成为梁山好汉中举足轻重的人物。

“水至清则无鱼，人至察则无徒”。水太清了是养不活鱼的，同样，对人过于苛求就不会有朋友。如果你能够始终以欣赏的眼光来看待身边的每一个人，那么人们就会因为受到你的尊重而倍感振奋。否则，一味挑剔别人的毛病，必然引起别人的反感，人际交往也必然陷入困顿。

曼德拉为了实现种族和解受尽了磨难，但却从没有恨过一个人。他说，他之所以能够历经挫折而初衷不改，并最终取得成功，他之所以从来都不记恨别人，是因为小时候的一件事，正是这件事影响了他的一生。

一天，曼德拉的老师拿出一张中间有个黑点的白纸，问同学们看见了什么，全班同学盯住白纸，齐声喊道："一个黑点！"

老师沮丧地说，这么大的白纸没有看见，只盯着一个黑点，将来你的一生将是非常不幸的。

整个教室寂静无声。

沉默中，老师又拿出一张黑纸，中间有一个白点，老师又问同学们看见了什么，这下同学们开窍儿了，一个白点。老师欣慰地笑了，太好了，无限美好的未来在等着你们。

为人处世要审时度势

你看到的是白纸呢，还是黑点呢？如果是黑点，那就向曼德拉学习学习吧！

为人处世，要审时度势，善于根据不同情况进行不同的应变，不拘泥于成规，要根据实际情况的变化，灵活变通地运用自己的智慧去解决问题，充分发挥主观能动性，动静自如，不为突发的事变所震慑。遇到复杂难解的问题，若一味思想僵硬、守旧，而不根据事情的变化有所改变的话，必然要追悔莫及。

周亚夫是汉朝开国将军周勃的儿子，可谓名将之后，他通晓兵法，善于治军，也可算得上是一代名将。

公元前158年，匈奴骑兵分两路入侵，前锋直逼太原郡，当时长安的军事布置是：祝滋侯徐厉胜守渭北棘门；宗正神礼驻守霸上，以周亚夫为将屯兵细柳。

汉文帝是一位节俭谨慎的皇帝，在中国历史上也是不多见的，为了慎重起见，他亲自到西军和北军去视察，所到之处，无不倾营出动，候迎天子。文帝看到这种情景，深为忧虑，真不知一旦匈奴袭来，他们如何对敌。但到了周亚夫军中，情况则完全不同了。只见军吏士卒都手拿利刃、身披铠甲，弓弩上也搭着箭枝。天子先进宫来到营门，立刻被军士挡住，无法进去，便对守营门的军吏说："天子即将驾到了！"守卫营门的都尉却说："军营中只听将军的号令，不闻有天子的诏命，将军曾经严肃告诫过。"

过了一会儿，天子的车驾到了，但军吏仍不开门，文帝无法，只好派人拿着天子的符节去见周亚夫，说："天子要亲自劳军。"

周亚夫这才传命打开营门。军营中任何人的车马都不能奔驰，违命者斩。于是，天子只得让人拉着马缰绳慢慢地前行。等到了营内，周亚夫也并未跪拜迎接，他身穿盔甲，对文帝长揖道："臣甲胄在身，不能下拜，请以军中之礼相见。"

汉文帝终于被周亚夫的这种精神所感动，他起身扶着车前的横木，改变了原来严肃的面容，并派人向周亚夫称谢说："皇帝恭敬地慰劳将军。"慰劳完毕，天子的车马就离开了。

其实，汉文帝虽然知道周亚夫刚正廉洁，但也隐隐地觉得他做得过分，毕竟自己乃堂堂一国之君，觉得皇帝的尊严受到了损伤，虚荣心多少受到了一点刺激。

汉景帝初年，晁错创议削藩，使早就图谋不轨的吴、楚等七国联合叛乱。危机之时，汉景帝找出周亚夫，授他太尉之职，要他指挥军队前去平叛。周亚夫既未推辞，又未谦让，只是接受任务，认为理应如此。

周亚夫只知谋国，不知谋身，终使梁王刘武怨恨。因此，梁王每逢入朝，经常与母亲窦太后说起周亚夫，极尽中伤诬陷之能事。窦太后听信了梁王的谗毁，经常向汉景帝说周亚夫的坏话。周亚夫自知受人猜忌，也还知趣，就上书称病辞官，汉景帝也不挽留，任他辞退。

几天过后，突然有使者到来，叫他入廷对簿。周亚夫一听，就知末日已到，但还不知犯了什么罪。

等周亚夫到了廷堂，问官交给他一封信，周亚夫阅后，全无头绪。原来周亚夫年老，要准备葬器之类，就让儿子去操办。买了五百副甲盾，原是为护丧使用，又有许多朝廷使用的木料等，可能是周亚夫的儿子贪图便宜，买了下来，又未给钱，使得佣工怀恨上书诬陷。汉景帝见书十分恼怒，正好借机找茬，派人讯问。周亚夫根本不知道这些事情，无从对答。问官还以为他倔强不服，就报告了汉景帝。汉景帝怒骂道："我何必一定要他对答呢！"就把他交给大理寺审讯。

大理寺当堂审讯，问道："你为什么要谋反呢？"

周亚夫说："我的儿子所买的东西全系丧葬所用，怎能谈得上谋反呢？"

问官无话可说，但又知皇上欲置其于死地，必须找个借口，于是发出了石破天惊之判词："你就是不想在地上谋反，也想死了以后在地下谋反！"

周亚夫一听，完全明白是欲加之罪，何患无辞，再也无话可说。周亚夫就这样被关入狱中，五日不食，绝食而亡。

周亚夫毫无过错，只因过于刚正，不善通权达变而触怒龙颜，死得真是莫名其妙！

顾全别人的面子

别人也许真的错了，但他们自己并不这么认为。或者，他虽然明知错了，也希望得到足够的尊重。所以，别去指责他们，因为那是愚人的做法。尝试着去理解他们，只有真正智慧、宽容的人才能做到这一点。

一个人犯错误，往往不是因为他不知道是在犯错误，而是因为他想犯错误。宣传教育对于想犯错误的人基本无效。防止犯错的方法有两种：一种是让人不敢犯错，一种是让人不想犯错。前者是强制手段，见效快而难服人心；后者是沟通艺术，见效较慢而作用力持久。要想让一个人对自己的行为真正负责，依赖于他的自尊和良知的觉醒。那么，首先要设法帮他保住面子，以免他自暴自弃。

有一种人，脾气粗野狂暴，不管什么事都能搞得像滔天大罪那样不可饶恕。他们这样做并不是出于一时的狂怒，而是源于他们自己的禀性。他们谴责每一个人，要么为这个人做过的某件事，要么为他将做的某件事。这暴露出一种比残忍还要可恶的性情，这种性情才真是糟糕透顶。他们是如此夸张地非难别人，以至于他们能把别人原本是芝麻大小的一个问题渲染得像西瓜那样大，并借此将其全盘否定。他们是不通人情的工头，能把天堂糟践成牢房。盛怒之下，他们把一切都推到极端。

这样做有什么好处呢？别人丢了面子，而他得到了怨恨。

有智慧的人绝不会如此处理问题，他把别人的自尊放在第一位，然后才设法将事情导向好的方面。

一天中午，一位老板到工厂进行例行检查，这时他看到一些员工在挂着“禁止吸烟”的标牌下面吸烟。没有比明知故犯更可恶的事情了，这是多数人的看法。这位老板却没有像多数人这么敏感。他走到这些工人们身边，递给他们每个人一支烟，说：“小伙子们，如果你们能在外面抽烟的话，我就真要感谢你们了。”

小伙子自然知道自己违反了厂里的规定。但老板不仅没有指责他们，反而还给每人一支烟。他们的自尊得到了尊重，他们被人当人看，当然要表现得像个人。所以，公然在厂内吸烟的人再也没有了。

当一个人犯了错误时，往往能找到上百个理由为自己辩护，其中一个最常用的理由是：“换了是你，不见得比我做得更好。”当一个人心里有了这种想法，你说得再多，他也不会心悦诚服。这时候，最有效的说服是言传身教，把你要求他做好的事做给他看。

日本大企业家、三洋公司创始人井植薰，喜欢遵守规则又敬业的员工。而他本人也绝对遵守公司的各项规章制度并且勤奋敬业，决不因为自己是老板而打半分折扣。比如，他每天早上7点，准时到达公司，准确率比闹钟还高，而且几十年如一日，若非出差，绝无误差。他本人如此律己，所以他公司几乎没有一个不勤奋敬业而遵守规章的员工。

比尔·盖茨欣赏聪明而干劲十足的员工，但他没有每天安逸地躺在床上，逼员工加班加点干活。在创业的最初十几年，他跟普通员工一样，每天工作16个小时，累了就往地板上一躺，睡上一觉，睡醒了爬起来接着干。

一个人能做到他提倡的事，比他唠唠叨叨说一万遍更有说服力。

有的人并无意伤人面子，只是说话时表达不当，造成了实际伤害的效果。

比如，有些领导提倡“在总结成绩的基础上找差距”这种批评方式，目的就是照顾下属的面子，效果却不见得好。

比如，老板对一个业绩不佳的员工说：“我对你的工作表现非常满意，但是如果你能在工作方法上注意一点，业绩肯定会提高。”

员工开始会觉得受到了鼓励，直到他听到“但是”两个字，他很可能因此而对最初的表扬产生怀疑，对他来说，这个表扬也许只是后面批评的引子而已，可信性遭到质疑。

如果老板这样说：“我对你的工作表现很满意，而且你的进步也很明显，说明你在这方面有潜质。如果在工作方法上做一些改进，我相信你的进步会更快。”

这样员工便不会感到批评的暗示，同时也能够受到鼓励，并尽力做得像老板期待的那样好。

让对方有台阶可下

有的人把自己的面子看得贵如金，却把别人的面子看得贱如纸。他们为了自显高明，无视他人尊严，甚至将对方逼到非反抗不可的地步。其结果，也不过是自取其辱罢了。

素来以傲慢无礼、举止粗鲁而闻名于世的赫鲁晓夫就曾尝到过伤人面子的苦头。那是1957年，美苏首脑举行会谈，美国副总统尼克松应邀出访苏联。在此之前，美国国会通过了一项《关于被奴役国家的决议》。这一决议受到苏联最高领导人赫鲁晓夫的激烈抨击，本来他可以采取其他比较得体的方式表达自己的看法，但赫鲁晓夫却选择了一个既有失身份、又伤人尊严的方式。

在美苏首脑会谈中，他指着尼克松吼叫着："这项决议很臭，臭得像马刚拉的屎！没有什么东西比那玩意儿更臭了！"

在这种关系到国家和民族尊严的场合，尼克松当然也不会示弱，他知道赫鲁晓夫年轻时曾当过猪倌，就慢条斯理、一字一句地说："恐怕主席先生说错了，还有一样东西比马粪更臭，那就是猪粪。"

赫鲁晓夫不禁一时语塞，尽管他是一个很有自制力的领导人，也不免羞得满脸通红。

在人际交往中，只要维持住双方的面子，则一切争端都有回旋余地：一旦撕破脸皮，就极可能转入火星四溅、双方都无力控制的局面。为了自己的面子，不给别人留余地，绝对是在做蠢事。

此外，在人际交往中，由于知识缺陷，每一个人都会说蠢话、做蠢事；由于价值观不同，每个人都有自己的偏见。看见别人说蠢话、做蠢事时，或者坚持自己的偏见时，为了保住他的面子，最好是给他一个"台阶"下。这对于维持双方的关系是非常重要的。

第三章

洞悉他人心思

形象是门面

在各种场合里办事，都要关注个人形象。一个有着良好的站姿、坐姿和行姿的人，给人庄重、正派、温暖、舒适的感觉。人们总是喜欢仪表端庄的人，愿意同那些相貌堂堂的人合作。从来没听说一个邋里邋遢的人能办成什么大事。因此，那些轻视个人形象的人，无异于为自己的工作制造一道障碍。

美国的著名心理学家梅拉比曾经提出过一个重要的公式：人类全部的信息表达=7%的语言+38%的声音+55%的体态语。一个人的外部形象很重要，观察一个人的举止行为，即可了解一个人的素质、阅历及思想感情。这种了解，比通过其口头语言所进行的了解，往往更值得信赖。

形象是一个人的门面，如果连自己的门面都不珍惜，就不可能获得某种成功的机会。然而，在一些场所，我们总是容易忽视自己形象的塑造，特别是在那些熟悉的场合，比如工作单位、亲朋好友中。

外部形象是人的素养和品位的体现。多数人在交际场所都注意外部形象，尽管许多有学问的人不修边幅，不太注重自己的仪表，但那毕竟是少数。对大多数人，尤其需要出现在正式社交场合的人士来说，外部形象非常重要。质于内而形于外，文化修养高、气质好的人，懂得如何修饰自己的形象。仪表端庄体现了一个人的素养、自尊和品位格调，也是对人和周围环境的尊重。

有人做过实验：当他以不同的装扮出现在同一个地点，得到的反馈完全不同。当他身着西装以绅士的面孔出现时，无论是向他问路还是向他打听事情的陌生人都彬彬有礼，显得颇有教养；而当他装扮成流浪者模样时，跟他接近、来对火或借钱的人以无业游民居多。尽管不能以貌取人，但人际交往之中外部形象表达出的意义胜过语言，完全可以透视出一个人的灵魂和内在品质。

如果是第一次与人打交道，个人仪表更加重要。美好的第一印象至关重要。人们一般在见面后5秒钟内就对对方形成第一印象。许多人因为邋遢的形象而找不到工作、办不成事，为此苦恼不堪。所以，外部形象是和成功连在一起的。

成功人士都有一种积极心态，外部形象是积极心态的外在表现，正式的、得体的、优雅的外部形象能够增加人的自信，并增进积极进取、乐观的心态，以此面对现实，处理人生所遇到的各种矛盾、困难和问题时，更能受到成功的青睐；反之，连自己外部形象都不注意的人，可能心态消极、悲观，在人际交往中很难获得别人的尊敬和信任。

外部形象的一个重要方面就是穿戴整洁。整洁指一个人穿戴整齐干净。一个整齐干净的人总是受欢迎的。在交际场合，人们都不愿意与一个蓬头垢面、邋里邋遢的家伙交往，而更愿意与一个干净整洁的人握手接近。可见，要塑造良好的交际形象，整洁是重要的一环。经常出现在交际场合的人应经常洗澡、洗头，保持身体各部位洁净，保证衣服平整清洁，以一种清爽的心情去迎接他人。平日里应饭前饭后勤刷牙、多漱口、保持口腔清洁，不要留有牙病或口臭，尤其吃了辣、腥味食物后，更应清洗口腔。可采用口香糖或茶叶末清洗口腔异味，否则带着异味与人交谈是很不礼貌的。参加社交活动之前应学会修饰自己，男士应及时剃净胡子，修面，剪鼻毛，保持一个清新干净的形象。男人的形象是由一头一脚组合而成的，故平日里应梳理好头发、让头发柔顺干净，皮鞋应无灰锃亮，衣服平整无污垢。女士在打扮的同时也要重视个人卫生。故在社交场合或平日生活中，最重要的还是讲究个人卫生，个人卫生是健康健美的标志。在讲究个人卫生的前提下，再适当修饰打扮，才能锦上添花。

人的外部形象，除了个人装饰外，就是形体语言了，它反映人的动作和举止，包括姿态、体态、手势及面部表情。自信的坐姿，充满魅力的微笑，有力的、炯炯有神的目光，既是交往者自信、能力、修养的体现，又会让他人喜欢你、亲近你，从而为你带来成功的好运。

在生活中，许多人只注重内涵，轻视外在形象，认为那是小枝小节，不值一提。其实，这会给人带来不愉快，进而影响自己的整体形象。

在一列火车上，有一个男子光着脚横躺在三人的座椅上，对座没人时，他还会把双脚搭在中间的小桌子上。这种不雅的行为令人为之不悦，虽一时没人发作，但大家心中早已对他有了看法。

不过，仔细一观察，这名男子应该是一个很不错的人，他穿一身名牌休闲装，戴着金丝边眼镜，手里捧着笔记本电脑，接电话时也彬彬有礼，声音适中。这期间，一个小孩子还差点儿碰翻了他的热咖啡，他连忙伸手去挡，自己的手被烫红了，还温和地问小朋友有没有受伤，并掏出自己的水果……看得出来，他是个受过高等教育的，有着良好的教养。这样一来，人们更加费解了，不知他为什么这样不顾个人形象，难道他真不知道这是基本的礼貌问题吗？

等他下了车以后，周围的人真有如释重负的感觉，长长地舒了口气。这时，两个年轻的女孩儿小声议论开了："这个人虽然不错，但充其量只是个'榴梿男人'！"

"'榴梿男人'？什么意思啊！"另一个女孩不解。

"就是外面臭里面香呗！有内涵没形象的男人就配这个称号！"

她们的谈话引起了大家的笑声，也引起了人们的深思。

这个虽然有良好的品质、但不注重外表形象的男人，不知自己意识到这一点没有。这样的人受到大家的异议和排斥，是一件多么可惜的事情。

不只是在生活中，在很多正式场所，很多人由于不注意形象，衣着邋遢，举止粗鲁随便，大大咧咧，如入无人之境，结果无法获得别人的认同，以致失去很多机会。

有一家企业，为了从德国引进一条先进的输液软管生产流水线，做了长期的艰苦努力，终于说服了对方，且德方代表也已来到中国，就差在合同上正式签字了。可是，就在步入签字会场的那一刹那，中方代表突然咳嗽了一声，一口痰涌了上来。他环视了一下，一时没有找到痰盂，便随口把痰吐在了墙角，并小心翼翼地用鞋底蹭了蹭。那位严肃认真的德国人见此情景，不由得皱了皱眉。因为这位中方代表不注意形象的行为引起了他深深的忧虑。他想：输液软管是专供病人输液用的，必须绝对无菌才能符合标准，可西装革履的中方负责人居然会随地吐痰，想必该厂工人的素质也好不到哪里去，如此生产出的输液软管，怎能保证绝对无菌？到时岂不影响生产线的声誉？于是他当即拒绝在合同上签字。这家企业将近一年的努力就这样在转瞬之间付诸东流！

像这样的教训，我们经常能够从报纸上，从电台里，从人们日常的谈资中找到。可见，时时刻刻注意自己的外在形象，在我们的生活和工作中是多么重要的事情。

杜绝拖沓的习惯

办事拖延，是人的通病。因为每个人的身上都存在懒惰的因子，办事总喜欢不停地拖延，今天拖到明天，明天拖到后天。这种行为看似影响不大，实则危害无穷。明日复明日，明日何其多；待到头白日，万事成蹉跎。时间拖得太久，等于一事无成。

每个人的一生中总有许多件事情要办，有许多计划需要完成。假使我们能够认认真真地抓住一切机会，利用一切可以利用的时间，严格执行每一项计划，那我们事业上的成就真不知要有多么伟大！然而，我们偏偏没有抓住那些本应抓住的机会，没有利用好那些本应利用的时间，结果坐视自己的理想不能实现，计划不能完成。而追查起罪魁祸首来，都是拖延惹的祸。说起来，成功并不难，许多人之所以没有成功，根本原因就在于只想不干，想的多干的少，一味拖延。

沙诺门一直说要写一本小说。他满腔兴奋，说自己想到了一个不错的题材，如果写出来，一定会非常轰动。他兴致勃勃地向人们谈着他的构思和观点，大家也认为这个构想确实不错，就问他："你打算什么时候开始动笔呢？"

"唔，这个，我最近比较忙，要等忙完这阵子再说。"沙诺门煞有介事地说。

半年后，当人们再次见到沙诺门时，问他小说是否已经完成，沙诺门挠了挠头说："前阵子我出去旅游了，这几天休息一下再写。"

又过了半年，当人们再问，沙诺门又有别的理由。

大家知道，沙诺门拖延的毛病又犯了，并对他的写书计划不抱多大希望。果然，两年后，当有人再见到沙诺门时，他仍然说："过了这段时间就写。"

很多事情，当我们最初决定要做时，总是对之充满热情。但由于拖延的坏习惯，总是不立刻去做，今天拖到明天，明天拖到后天，结果往往是一直拖到对这件事没有热情与兴趣，最后不了了之。即使是拖到无法再拖，硬着头皮完成了，效果也大不相同。对一件事情充满兴趣、热情的时候去做，与你在兴趣、热情消失之后去做，其难易、苦乐是不能等同而语的。因为当你充满兴趣、热情时，做事是一种喜悦；而当兴趣、热情消失时，做事是一种痛苦。

搁下今天的事不做，而想留到明天再做，其实在这种拖延中所耗去的时间、精力，已经足以将那件事做好。办理以前积累下来的事情，每个人都会觉得不愉快而讨厌！本来当初一下子就可以很愉快、很容易做好的事，拖延了几天、几星期之后，就显得讨厌与困难了。以接到信件为例，当时立刻回复最为容易，而一旦搁置，就很难再提起笔来。为此，有的公司定下规则：对任何来函都不得等到第二天才回复。

有了计划而不去执行，使它白白消逝，这对于我们自身的品格和力量也有不良的影响。有计划并且努力执行，这才能增进我们的品格和力量。有计划不算什么，付诸实施才算可贵。

我们都知道，对于作家、艺术家来说，无比重要的灵感是稍纵即逝的，要及时捕捉、及时再现，才能成就优秀的作品，而当灵感闪现时，如果一味拖延，则会使灵感的火花消逝尽净。一个神奇美妙的印象突然闪电般地袭入一位艺术家的脑海，但是他如不立刻提起画笔，将那不朽的印象展现在画布上，最后这幅神奇的图画会渐渐地从他的脑海中消失！一个生动而强烈的意象、观念突然闪入一位作家的脑海，使他生出一种不可阻遏的冲动，想要提起笔来，却没有立刻去写，拖延了下来，结果那意象会逐渐地模糊、褪色，终至整个消失！

塞万提斯说："取道于'等一会'之街，人将走入'永不'之室！"这真是一句至理名言。

那么，如何克服拖延的毛病呢？没有其他良策，唯一的办法就是立刻动手去做。多拖延一分，就足以使事情难做一分。因此，你应该努力改掉拖沓的习惯。

1. 确定此事是否必办

有时，我们感到一项工作不重要，于是做起来就拖拖拉拉。如果这项工作真的不重要，就把它取消；如果重要，则立刻去做。

2. 知道此事的意义

我们往往因为看不到完成一项任务有什么意义而拖拖拉拉，也就是说，我们完成这项任务时付出的代价似乎高于做完工作后得到的益处。应付这个问题的最佳办法，是从自己的目标与理想的角度分析这项工作。如果你有重大的目标，那是比较容易拿出干劲儿去完成有助于你达到目标的工作的。

3. 养成雷厉风行的习惯

如果你有拖沓这个毛病，就要重新训练自己，用好习惯取代这个坏习惯。每当你发现自己有拖沓的倾向时，要静下心来想一想，确定你的行动方向，然后再想想最快能在什么时候完成这个任务，定出一个最后期限，然后努力遵守。渐渐地，你的工作模式就会发生变化，拖延这种消极的工作模式就会被马上去做的积极工作模式所取代。

切勿“万事不求人”

要办事，靠一个人的力量往往力不从心，这时就有必要向他人求助。俗话说，皇帝还有求人的时候呢。没有人可以不依靠他人而独立地存活于世。即使你能耐再大，也要承认在某些方面自己必须求助于人。如果过于强调个人的能力，即使遭遇失败也绝不向人求助，坚决不依靠他人，不仅难把事情办成功，也会给人留下心胸狭隘的印象。

必须承认，任何人的力量、能力和才智都是有限的，不可能达到十全十美的程度，在某些方面总有不及别人的地方。当遇到能力不及、需要别人帮助的时候，就应该虚心向他人请教。

然而，很多人却自命清高，低不下头，总觉得依赖他人有一种被施舍的感觉，是对自己形象的损害。许多人把这种“万事不求人”的昂首哲学当作“优秀”的“品格”来标榜，自以为是，自以为能。殊不知，说穿了，这些人缺少一种气度，正因如此，他们自身的才能很难得到更大幅度的提升，最终也很难成就什么事业。

放弃个人英雄主义，学会向别人求助，不仅会使你得到更快更好的发展，也能表现出你的超人气度。

行为学家研究发现，大凡成功人士，往往都有谦逊的美德，能够保持一种低姿态，虚心向他人学习请教，不断完善自己、提升自己，这往往使他们显得比别人更聪明，更有智慧和才华。所以，每个人都应该修炼依赖他人的气度，养成求助他人的品行，这对于事业的发展是非常重要的。

史蒂芬是一家公司市场营销部的业务员，近来心情特别烦，因为连着四个月的业绩评比表，他都排在斯林娜之下。史得芬很不服气，他认为自己功夫下得不比斯林娜少，资历也比斯林娜深，怎么可能落在这个进公司还不到三年的小姑娘后面呢？斯林娜掌握的客户资源为什么竟然接近自己的2倍？

史蒂芬百思不得其解，可是又不肯屈尊去向斯林娜请教，认为这样会伤了一个老业务员的面子。于是，他想方设法进入了斯林娜的电脑系统，查看她的客户分布，结果被斯林娜发现。斯林娜立即提出严重警告：再这样下去，别怪我不照顾你老前辈的面子啊！两人的关系因此搞得很僵。

史蒂芬又做了许多努力，可业绩仍然比不上斯林娜。他沉下心来仔细地想了又想，心头豁然开朗：现在的年轻人性格直爽，只要我放得下架子，不耻下问，她便可能尽释前嫌，并把发展客户资源的技巧告诉我。问题一想通，史得芬心头轻松多了，他特意邀请斯林娜共进晚餐，诚恳请教。这倒让斯林娜不好意思了，她说："以前我对您的态度有些过分，请多谅解。"然后谈了自己做营销的一些心得："其实也没什么，只不过是看书多、上网多、领悟快、进步大一些而已。做营销，发展客户是一条路，而盘活老客户更重要，因为老客户感觉到你的诚信和友善，他自己会把亲朋好友拉来做你的新客户。我特别准备了一个笔记本，记录客户的特殊情况，在细微处做文章，比如出差时看望他刚刚考入该地某个大学的孩子，比如送一份礼物给他的父母，替他挑一些鲜花带给老人家……我从不认为这是工作以外的事，相反，干这个工作就要有'功夫在事外'的精神。我为每位老客户设立了生日档案，他们过生日，我会亲自做一张精致的贺卡，并配上小礼物邮寄给他们。很多客户收到时都深受感动，特意打电话致谢……"

史蒂芬听了这些，恍然大悟。在以后的工作中，他也用起了这几招，果然业绩迅速蹿升，与斯林娜旗鼓相当了。更为可喜的是，他与斯林娜的关系也更友好了，合作起来也更愉快了。

从另一个角度而言，如果你是某一个领域的专家，或者是一个事业有成的人，当有人向你请教时，也应表现出宽阔的心胸，积极认真地解答问题，传授方法，万万不可害怕别人把自己的经验和方法学去，赶超自己，而不肯给别人求教的机会。同样，如果有人得罪了你，甚至给你造成了伤害，当他向你求助时，你也要表现出应有的大度，宽容待人。如果你乐意帮助他人，提携新人，你就会赢得他人的尊重，他人也会在将来适宜的时机报答你。这正所谓“将欲取之，必先予之”。

如今的社会，早已走出了自给自足小农经济的圈子，踏上了全球化的道路。今天，任何人、任何家庭、任何国家，都只有依靠别人才能生存。谁还想“自给自足”，肯定行不通。抱着不求人的信条，只能搞得自己诸事不成功。在这种情况下，请教别人，有事请别人帮助，应该成为生活、工作的常客，根本不牵涉什么要面子的事情。如果谁还高高地昂着“万事不求人”的头颅，不仅自己难以成功，和身边亲友、同事的关系也会因他的“高傲”和固执而不那么融洽，关上了大家与他合作的大门。

实际上，大多数时候，别人是十分乐意帮助我们的，因为这意味着我们对他的信任和尊重。但同时，许多人又对主动提供帮助有所顾虑，担心碰到“万事不求人”的人。那么，在我们需要帮助、别人也做好了帮助我们的准备的时候，我们为什么不能说一声“拉兄弟一把”呢？

做事要有计划

培根说：“要敏捷而有效率地工作，就要善于安排工作的次序、分配时间和选择要点。只是要注意这种分配不可过于细密琐碎，善于选择要点就意味着节约时间，而不得要领地瞎忙等于乱放空炮。”可见，办事有计划，将会提高办事的效率和成功率。

一个在商界颇有名气的经纪人把“做事没有计划”列为许多公司失败的一个重要原因。做事没有计划和条理的人，无论从事哪一行都不可能取得成绩。

一个商人在小镇上做了十几年的生意，后来竟然失败了。当一位朋友来看望他时，这位可怜的商人正在思考他失败的原因。

商人对朋友说：“我为什么会失败呢？难道是我对顾客不热情、不客气吗？”

朋友回答说：“也许事情并不是想象的那样，你不是还有许多资产吗？你完全可以再从头做起啊！”

“什么？再从头做起？”商人吃了一惊。

“是的，你应该把你目前经营的情况列在一张资产负债表上，好好清算一下，然后再从头做起。”朋友好意劝道。

“你的意思是要我把所有的资产和负债项目详细核算一下，列出一张表格吗？是要把门面、地板、桌椅、橱柜、窗户都重新洗刷、油漆一下，重新开张吗？”商人有些纳闷。

“不错，你现在最需要的就是按你的计划去办事。”朋友坚定地说道。

“可是，这些事情我早在15年前就想做了，但是一忙没有去做而已。也许你说的是对的。”商人喃喃自语道。后来，他确实按朋友的主意去做了，在晚年的时候，他的生意成功了！

然而，现代人每天的生活就像是上紧发条的时钟，忙碌的上班族每天都有打理不完的琐事，既影响了心情，又降低了劳动效率。分析无法如期完成工作的原因，几乎都是不清楚自己该干什么才好。也就是说，没有一个清晰的计划表，先干什么后干什么，哪是重要的、哪是不重要的……这些在心里没有一个统一的安排。

做事有计划对于一个人来说，不仅是一种做事的习惯，更重要的是反映了他的做事态度，是能否取得成就的重要因素。事实上，做事有秩序，处理事务有条有理，不仅不会浪费时间，而且也不会扰乱自己的神志，办事效率也会很高。

一位企业家曾谈起了他遇到的两种人：

一个是性急的人。不管你在什么时候遇见他，他都表现得风风火火的样子。如果要同他谈话，他只能拿出数秒钟的时间，时间长一点，他会伸手把表看了再看，暗示着他的时间很紧张。他公司的业务做得虽然很大，但是开销更大。究其原因，主要是他在工作安排上七颠八倒，毫无秩序。他做起事来，也常为杂乱的东西所阻碍。结果，他的事务是一团糟，他的办公室简直就是一个垃圾堆。他经常很忙碌，从来没有时间来整理自己的东西，即便有时间，他也不知道怎样去整理、安放。

另一个人恰恰相反。他从来不显出忙碌的样子，办事非常镇静，总是很平静祥和。别人不论有什么难事和他商谈，他总是彬彬有礼。在他的公司里，所有员工都寂静无声地埋头苦干，各样东西都安放得有条不紊，各种事务也都安排得恰到好处。他每晚都要整理自己的办公桌，对于重要的信件立即就回复，并且把信件整理得井井有条。所以，尽管他经营的规模要大过前面说的那个商人，但别人从外表上总看不出他有一丝一毫慌乱。他做起事来样样办理得清清楚楚，他那富有条理、讲求秩序的作风，影响到他的全公司。于是，他的每一个员工，做起事来也都极有秩序，一派生机盎然的景象。

两种做事的方式，带来两种结果。

做到有计划的办事，要从以下几点入手：

1. 合理安排和利用时间

有效的时间利用者，往往不是一开始就着手做事情，而是先从时间安排上入手。人往往最不善于管理自己的时间。时间安排的要点在于时间的衔接、张弛和效率。时间安排的衔接，有利于在最好的时间做最适合的事情。有的人做事情喜欢拖拉，往往使很容易做到的事情延误了时机，大费周折。

在汽车、摩托车和赛车界里声誉凡响的日本摩托车大王本田宗一郎是从打铁中学会了时间衔接的意义的。他从小心灵手巧，3岁时就常趁父亲休息时，到作坊里捡些铁片，拿把铁锤敲敲打打，做成自己的玩具。长大后他常要背着小妹妹上学，放学回来，就帮父亲拉风箱打农具。

一次，宗一郎替父亲拉风箱，拉得“巴达巴达”响，熊熊的火苗直往上蹿。半天，炉膛里的菜刀坯子终于烧得火红。只见父亲用长钳子熟练地将它取出，放在铁砧上，右手紧握一柄铁锤，叮叮当当地敲打起来，动作毫不迟缓。宗一郎见父亲满头冒汗，心里有几分不忍，便问道：“爸，您不能一下一下地打吗？看您累的……”

父亲瞅了他一眼，答道：“哪能呢？要是动作慢，菜刀就冷了，冷下来还能打吗？所以嘛，办什么事，都要快，不能慢吞吞。”

“要快，不能慢吞吞。”父亲这话，深深地印在他的脑海里。

又有一次，宗一郎见父亲一连把三块铁坯放在铁砧上，迅速轮换着锻打，父亲像个老练的鼓手，敲打起来又快又准，而且富有节奏感。宗一郎觉得有些奇怪，忍不住问道：

“爸，您干吗要三块一起打？打完一块又一块，从从容容不好吗？”

父亲微笑道：“这几块形状小，可以一起打。能够一起打的铁，就不要分开打，这样可以加快速度，节省时间。你要记住：干活要讲速度，一天能干完的活不要拖到第二天，因为每天都有新的工作等着你去做。”

童年，父亲打铁对宗一郎的启迪，他始终让他牢记在心，直到当上修理店老板，以致后来创办本田技研工业总公司，这种心得都被传承下去。

时间的张弛，是指做事情要懂得有松有紧。有的人安排时间没有科学性，高兴了，连轴转不休息，不高兴了，就什么都不干，还自我安慰说：“累了就得休息。”这样三天打鱼两天晒网，只会一事无成。只有充分利用自己的时间，学会张弛有度地交替着做事情的人才能真正实现每一刻时间的价值。

2. 做事有条有理

这就需要知道哪些活动由哪些事情和步骤组成，再把它们组合成一张便于核对的检查表，每当要做这些事情的时候，就可以对照着检查表逐项进行，这样就不会有所遗漏，也能够在不断地实施过程中更好地把握做这些事情的过程，做到严格控制时间。

做事有条理，还要学会分辨事情的轻重缓急。事情的轻重，有些是一眼就能看出来的。比如孩子突然间得了比较重的病，父母往往会尽可能放下手头的任何事情，先去照顾孩子的病情。当孩子的病情稳定了之后，父母就可以考虑恢复一部分工作，把耽误的事情进行一些弥补。但有的时候，对于日常的活动，事情的轻重就不太容易确定。一方面，有时候有些事情你特别想做，就会觉得特别重要，而容易把它排在首位。譬如你特别喜欢看某电视剧，而电视剧又往往在你工作还没做完的时候播放，很多人就禁不住电视剧的诱惑，先去看了。这其实就是一种轻重倒置的做法。

做事有条理，也要根据需要调整时间表。时间表一旦确定下来就不能轻易修改，只有经过衡量之后才能进行修改，尤其是对于有约定的事情，还要征得别人的同意才能修改。

另外，对将做的事要做到统筹安排。统筹安排需要比较清楚自己要做的几件事情，知道它们耗时的情况，这样才能进行统筹。否则几件事情由于时间交叉在一起，反而容易带来更严重的混乱，还容易出危险。譬如，你正在煤气炉子上烧着水，然后跑出去玩儿了。很可能因为玩儿过了头，结果水壶被烧干了，甚至发生意外的火灾危险等。

3. 不要断了自己的后路

在求人办事时，有些人存在这样的心态：如果对方把事办成了，自然非常感谢；一旦没有办成，就不表示感谢，甚至心生怨恨。其实，这种心态是不对的。因为，对方没有帮你把事情办好，可能是由于某些客观因素造成的，而他也许已经尽了最大努力。在这种情况下，我们仍然要心存谢意。

在现实生活中，求人办事，如果事未办成，也要充分理解对方，多从客观上替人找原因，而不要凭着狭隘的心理去妄加猜测，产生怨恨，甚至不再与对方往来。要知道，这次由于某些因素对方没能把事情办成，可能下次有机会可以帮你把其他的事情办好。如果你认为对方反正没把事办好，用不着去感谢对方，好像无功不受禄，不值得去感谢，这样，对方可能认为你没有人情味，以后可能不会再帮你忙了。

所以，请人办事，不管对方是不是把事情办成了，都要感激帮你办事的人。

如果你这样做了，这会给办事的人以信心和鼓励，使得两人的感情更为融洽，也为对方下一次替你办事打下伏笔，预留了感情的资本。试想，如果下次再托他办事，他肯定会加倍努力，力争把事办成。

其实，这是一个做人的诀窍，也是起码的处世原则。因为做人做事要给自己留有余地，不要断了自己的后路。一个会办事的人，在别人帮自己办事没办成时，也会适时地感谢对方，这既维系了双方原来的友谊，又为以后的交往打下坚实的基础。办完事后，说声“谢谢”是世界上最容易赢得友谊的办法，它是加强人际关系的一件法宝。我们为什么要吝啬这句话呢？

美国汽车大王福特是石油大王洛克菲勒的好友，也是帮助他创建标准石油公司的伙伴之一。但有一次，洛克菲勒与福特合资经商，因福特投资失误而惨遭失败，损失巨大。对此，福特心中很感不安。

一次，福特走在路上，看到洛克菲勒与其他两位先生走在他后面，他觉得没脸回头，便假装没有看见他们，一直低头往前走。这时，洛克菲勒叫住了他，走上前拍了拍他的肩，微笑着说：“老兄，你来得正好啊，我们刚才正在谈有关你的事情呢。”

福特一听，红起了脸，他以为洛克菲勒要责怪他，于是他说：“实在对不起！那实在是一次极大的损失，我们损失了许多，全是我的责任……”

没想不到洛克菲勒却若无其事地回答：“你说的是那件事吗？其实，我们能做到那样已经难能可贵了。这全靠你处理得当，让我们保存了剩余的60%，这完全出乎我的意料，还要谢谢你呐！”

洛克菲勒没有因为福特没把事情办好而去埋怨他，相反还找出一堆赞美和感谢的理由，这真是出乎福特的意料。此后，福特努力做事，不仅为洛克菲勒挽回了损失，而且还为公司赚了不少的钱。

试想，所托之人历尽周折，因为某种原因没有办成你所托之事，如果你连一句“谢谢”这样鼓励的话都没有，那么，对方一定感到很委屈、很伤心，心中不是产生自责，就是产生埋怨，也就再也不想帮你办事了。有时候，我们为人办事不是为了求得什么回报，而是为了一句真诚的感谢，图的就是这份感激的心情。

有一个在外地工作的记者，春节时准备回老家过年，但他临时有采访任务，抽不出时间提前去买火车票，于是他托付一个女同事替他去买票。女同事马上跑到火车站，排了两个小时的队，轮到她时，火车票卖完了。她无功而返，记者心里却很不高兴，不但连一句感谢的话都没有，还觉得是她耽误了自己的行程，给了她一个难看的脸色。

试想，这个女同事排了两个小时的队，虽然没买到票，没有功劳也有苦劳，一句感谢的话都没听到，相反还被埋怨，心里能不难受吗？一个人因为这件事而失去了友谊，实在划不来。更重要的是，再托人办事，恐怕都会因为害怕而不能为之了。

所以，在求人办事时，我们一定不要做一锤子买卖，要用宽阔的胸怀、用理解人的眼光和感激的心态去对待那些帮过你的人，当然也包括那些尚未帮成的人。要知道，尽管有人没把事办成，但他能够对你伸出援助之手，这就是最好的表示。我们要的就是这份友谊、真情，至于办事的结果，相比之下就不是那么重要了。

做事要坚决

歌德说过：犹豫不决的人永远找不到最好的答案，因为机遇会在你犹豫的片刻溜走。然而，许多人在能力上出类拔萃，却因为养成了犹豫不决的习惯而错失良机。要知道，在任何情况下，不能信心百倍地做出自己的决断，将是一个悲剧。我们必须抛掉犹豫不决的办事作风，即使是处在混乱中，也必须果断地做出自己的选择。

爱默生曾说："敢于去做，你就会拥有力量。"当我们为自己确立了一个具体的目标，明确了努力的方向，而且制定了达到目标的期限，一切都经过深思熟虑做好了准备之后，这时我们所需要的就是"立刻着手行动"。那些成不了大事的人，也并非全是没有上进心的人，他们也有痛下决心干一番大事业的勇气，只是犹豫不前，总是停留在思想的阶段而未付诸行动，到后来各种外部条件强迫他去干的时候，又不知从何下手了。

做任何事，都不能缺少冒风险的勇气。对于一项需要冒险的工作，当别人犹犹豫豫的时候，你迅速做出决断，大胆承担起来，很可能这就是改变你命运的关键性一步。虽然思前想后、犹豫不决可以免去一些做错事的可能，但更大的可能是会失去更多成功的机遇。这种得不偿失的结果对我们来说是更大的损失。因此，我们必须学会冒险，因为生活中最大的危险就是不冒任何风险。

有人问农夫是不是种了麦子。农夫回答："没有，我担心天不下雨。"那个人又问："那你种了棉花了吗？"农夫说："没有，我担心虫子吃了棉花。"于是那个人又问："那你种了什么？"农夫说："什么也没种。我要确保安全。"

生活中像那个农夫一样的人实在不少。他们害怕任何风险，到头来，什么也做不成，什么也不是。他们不敢笑，因为他们怕冒愚蠢的风险；他们不敢哭，因为害怕冒别人耻笑的风险；他们不敢向他人伸出援助之手，因为要冒被牵连的风险；他们不敢暴露感情，因为要冒露出真实面目的风险；他们不敢爱，因为要冒不被爱的风险；他们不敢希望，因为要冒失望的风险；他们不敢尝试，因为要冒失败的风险。他们被自己的犹豫猜疑所捆绑，是丧失了自由的奴隶，而有胆量、有勇气的人不是这样。

成功的秘诀就是行动，立即行动！一旦确定了要干什么，就要立即行动起来，这样才能实现自己预定的目标。凯特林雷曾这样说："如果你光说不动，自然不会伤到脚趾，你走得越快，伤到脚趾的可能性越大，但是同样的，达到某个境界的机会也就越大。"

保险推销员史威兹喜欢打猎和钓鱼。他最大的快乐就是带着钓鱼竿和来复枪进入森林宿营，几天之后再带着一身的疲惫和泥泞心满意足地回来。

他唯一的困扰是，这个嗜好会花去太多的时间。有一天，他依依不舍地离开宿营的湖边，回到现实的保险业务工作中时，突然有一个想法：荒野之中，也许有人会买保险。如果真是这样，岂不是在外出休闲时，他也一样可以工作了吗？果然，阿拉斯加铁路公司的员工正是如此；散居在铁路沿线的猎人、矿工也都是他的潜在客户。

史威兹立刻做好计划，搭船前往阿拉斯加。他沿着铁路来回数次，受到了热烈的欢迎。他不但是唯一和他们接触的保险业务员，更是外面世界的象征。除此之外，他还免费教他们理发和烹饪，经常受邀成为座上宾，享受佳肴。在短短一年内，他的业绩突破了百万美元，同时享受了登山、打猎和钓鱼的无限乐趣，把工作和生活做了最完美的结合！

如果史威兹在梦想产生时没有立即行动，就可能因此而失去成功的机会。我们甚至可以说，与他同时，有许多人也想到了这一点，而他们之所以没有成功，只是因为他们比史威兹行动得晚。

史威兹的这个故事，又让人想起了一个商场上常常议论的话题来：为什么那些受教育程度不高的人，成功的概率一点都不比受过高等教育的人低？症结其实就在思和行的问题上。他们之中，一些人想问题简单一些，想到就做，结果成功了；另一些人则想问题复杂一些，顾虑重重，左想右想，结果总是拖着不做，迟迟下不了决心，当然也就不可能成功。只要我们克服了做事犹豫不决的缺点，一有念头就开始行动，又有什么不可以的呢？

在这个世界上，谁都愿意心想事成，无论这个愿望是指赚钱、当官还是做些什么事情。因此，每个人在很年轻的时候就开始规划自己的未来。但实现生活中，经常见到那些光想不做的人，他们把美好的蓝图描绘得完美无缺，足以令人眼花缭乱，一旦要付之行动，就犹豫不决，瞻前顾后，时间一年又一年地过去了，这些愿望仍停留在想象里。长此以往，只能一事无成。

强人所难要不得

让人办事，要考虑到人家是否能办得到。如果人家诚心诚意向你表示他爱莫能助，就不能强求人家非给你办成不可。有人在托人办事中耍领导或长者权威，有人则以断交相威胁，目的就是逼人把事办成，这些都是不宜的。强人所难，是办事过程中的一大禁忌。

做事不能总是从自己的利益出发，只考虑自己，不替对方考虑，不管对方有没有困难，一旦自己有事相求，就要求别人非答应他不可。这种做法是求人办事的大忌。

要知道，每个人都不是万能的神，能力都有限，提出一个人家力所不及的要求，首先对他人是一种伤害。提出让人为难的要求，不外乎两种结果，一是遭到人的拒绝，每个人办事总会从自己的利益出发，没必要为了别人而让自己为难；二是因为可能这次满足你的要求，但这是最后的一次，以这次帮忙彻底回报了你全部的人情，关系很可能从此发生转折或终止。不管是哪种结果，对自己都是得不偿失的事。

王强为了求经理办一件事，频繁地往经理家里跑，尤其在下班以后，也不管人家忙不忙，脸色好看不好看，他在经理家一坐就是数小时，和经理说些不着边际的话。经理虽然碍于面子，勉强和他应酬，但是事情终归是没有办成。这件事情让王强感到不理解：这些天已和经理混得很熟，谈得也“投机”，托他事情应是十拿九稳的，但结果怎么会是这样呢？

王强原以为，只要能多“泡”上几天，赢得经理的好感，事情就好办很多，殊不知，经理办事的原则，是全面权衡得失，不该办的事，是坚决不会办的。

求人办事，千万不要强人所难。如果对方不愿意帮忙，也不能因他不帮忙就让他难堪。他不愿意肯定有不愿意的理由，你应该体谅对方的难处，另想办法。如果对方有顾虑，就应给他充分的考虑时间，千万不能因对方一时没有答应便意气用事，强人所难。

小李得知老同事小赵的亲戚在一个部门掌权，便找小赵，希望能通过他的亲戚把自己从乡下调到城里。小赵见老同事相求，虽犹豫，但还是答应了。小赵问过他的亲戚后，亲戚说无法办，小赵便向小李说明情况。但小李却认为是小赵不尽心，立即拉下了脸说：“你真行啊，这么一件小事都不肯帮忙！”说罢便转身走人，小赵感觉自己出力不讨好，心里很不是滋味。他原打算讲完这件事后，还要说另一个和他关系不错的人，也有可能办成这件事，但看小李的态度，他也不敢再说这层关系了，他怕如果再办不成，不知小李会怎样对待他了。

小李的这种做法，就是不讲分寸、意气用事，这是托人办事时最为忌讳的。不错，当你有事需要托人帮忙时，朋友当然是第一人选，可也要考虑到朋友是否愿意。比如，你想要朋友跟你一起去参加一次聚会，朋友有些犹豫。在这样的情况下，如果你再强行拉他与你同去，就会使朋友感到左右为难；要是他已有其他活动安排，不便改变，那就更难堪了。因为，对你的所求，他如果答应就乱了自己的计划，如果拒绝又在情面上过意不去。就算是他表现得乐意而为，但心中也难免有几分不快，认为你太霸道、不讲道理。因此，当你对朋友有所求时，应该采取商量口吻讲话，尽量在朋友方便或情愿的前提下提出来，不要固执己见。

从交际的角度来看，人与人之间的交往应该以双方都觉得没有压力为宜，这才是人际往来的最好境界。提出让别人为难的要求，说明你对别人的期望要求过高，这本身就是一种压力，是一种有害人际关系的行为。

从另一个角度来说，你的要求令对方很为难，说明你以前的付出还没有累积到可以提这个要求的程度。一棵树上结满了李子，李子成熟时味道甘美，可你非得在李子刚刚成型时就要吃，那尝到的滋味肯定是苦涩的。人际关系也是我们培育的果树，过早地摘取果实是既浪费了自己的心血，又尝不到果实的美味。所以，要有自知之明，做到心中有数，只要平时多积累感情，到关键时才可指望对方助一臂之力。此前，万事不可强求别人。

要有点冒险精神

有人办事，一味求稳求妥，因而不敢冒险，不敢大胆尝试，结果畏首畏尾，一事无成。其实，有时候，看似危险的地方，也许正是最安全的地方；看似最强大的，也许偏偏是最薄弱的。如果一味求稳的话，或许就错过了某种机会。

无论做什么事，我们都可能需要适当地冒点险。如果一味求稳，反而一事无成。关键是要擦亮眼睛，抓住时机，大胆去做。大凡成大事者，无不慧眼辨机，他们在机会中看到风险，更在风险中逮住机遇。敢冒风险的人正在改变世界，他们有最大的机会去赢得成功。对那些怯于冒险的人来说，机会出现时，他也把握不住。

俗话说，机不可失，时不再来。有很多人明白这个道理，但现实中大多数人却是等到机会从身边溜走之后，才恍然大悟，如梦初醒。机遇对任何人都是公平的，关键要看我们是不是一个有心人。那些成大事者不但是捕捉机遇、创造机遇的高手，而且惯于在风险中猎获机遇！

如台风带来海啸一般，机遇常与风险并肩而来。一些人看见风险就退避三舍，再好的机遇在他眼中都失去了魅力。这种人往往在机会来临之时踌躇不前、瞻前顾后，最终什么事也干不成。我们虽然不赞成赌徒式的冒险，但任何机会都有一定的风险性，如果因为怕风险就连机会也不要了，无异于因噎废食。

大凡成就大事业者，无不具备在机会中看到风险、更在风险中逮住机遇的素质。美国金融大亨摩根就是一个善于在风险中投机的代表。在这里，我们不妨看看摩根家族是怎么样在惊涛骇浪般的风险中抓住机遇建起自己的金融大厦的。

摩根诞生于美国康涅狄格州哈特福的一个富商家庭。摩根家族1600年前后从英格兰迁往美洲大陆。最初，摩根的祖父约瑟夫·摩根开了一家小小的咖啡馆，积累了一定资金后，又开了一家大旅馆，既炒股票，又参与保险业。可以说，约瑟夫·摩根是靠胆识发家的。一次，纽约发生大火，损失惨重。保险投资者惊惶失措，纷纷要求放弃自己的股份，以求不再负担火灾保险费。约瑟夫横下心买下了全部股份，然后把投保手续费大大提高。他还清了纽约大火赔偿金，信誉倍增，尽管增加了投保手续费，投保者还是纷至沓来。这次火中取栗般的投机不仅没有亏，反而使约瑟夫净赚15万美元。就是这些钱，奠定了摩根家族的基业。

摩根的父亲吉诺斯·摩根以开菜店起家，后来，他与银行家皮鲍狄合伙，专门经营债券和股票生意，也进入了一个风险与机遇都很大的经营领域。

俗话说："君子之泽，三世而斩。"摩根家族到J.P.摩根已经是第三代了，但那句俗话却没有应验，得以使摩根家族的传奇故事继续上演。生活在传统商人家族，经受着特殊的家庭氛围与商业熏陶，摩根年轻时便敢想敢做，颇富商业冒险和投机精神。

1857年，摩根从德国哥廷根大学毕业，进入邓肯商行工作。一次，他去古巴哈瓦那为商行采购鱼虾等海鲜归来，途经新奥尔良码头。他下船在码头兜风，突然有一位陌生白人从后面拍了拍他的肩膀说："先生，想买咖啡吗？我可以出半价。"

"半价？什么咖啡？"摩根疑惑地盯着陌生人。

陌生人马上自我介绍说："我是一艘巴西货船船长，为一位美国商人运来一船咖啡，可是货到了，那位美国商人却已经破产了。这船咖啡只好在此抛锚……您如果买下，等于帮了我一个大忙，我情愿半价出售。但有一条，必须现金交易。我是看您像个生意人，才找您谈的。"

摩根跟着巴西船长一起到船上看了咖啡，成色还不错。想到价钱如此便宜，摩根便毫不犹豫地决定以邓肯商行的名义买下这船咖啡。然后，他兴致勃勃地给邓肯发出了电报，可邓肯的回电却是："不准擅用公司名义！立即撤销交易！"

摩根勃然大怒，又觉得让机会从手边溜走实在可惜，无奈之下，只好求助于在伦敦的父亲吉诺斯。吉诺斯回电同意他用自己伦敦公司的户头偿还挪用邓肯商行的欠款。摩根大为振奋，索性放手大干，在巴西船长的引荐之下，又买下了其他船上的咖啡。

摩根初出茅庐，做下如此一桩大买卖，不能说不是冒险。但成功似乎偏偏对他情有独钟，就在他买下这批咖啡不久，巴西便出现严寒天气，一下子使咖啡大为减产。这样，咖啡价格暴涨，摩根因此大赚了一笔。

从咖啡交易中，吉诺斯认识到自己的儿子是个人才，便出了大部分资金为儿子办起了摩根商行，供他施展经商的才能。摩根商行设在华尔街纽约证券交易所对面的一幢建筑里，这个位置对摩根后来叱咤华尔街乃至左右世界商界风云起了不小的作用。

1862年，美国南北战争正打得不可开交。林肯总统颁布了“第一号命令”，实行全军总动员，并下令陆海军对南方展开全面进攻。

一天，克查姆——一位华尔街投资经纪人的儿子、摩根新结识的朋友，来与摩根闲聊。

“我父亲最近在华盛顿打听到，北军伤亡惨重！”克查姆神秘地告诉他的新朋友，“如果有人大量买进黄金，汇到伦敦去，肯定能大赚一笔。”

对经商极其敏感的摩根立时心动，提出与克查姆合伙做这笔生意。克查姆自然跃跃欲试，他把自己的计划告诉了摩根：“我们先同皮鲍狄先生打个招呼，通过他的公司和你的商行共同付款的方式，购买四五百万美元的黄金——当然要秘密进行；然后，将买到的黄金一半汇到伦敦，交给皮鲍狄，剩下一半我们留着。一旦皮鲍狄黄金汇款之事泄露出去，而政府军又战败时，黄金价格肯定会暴涨；到那时，我们就堂而皇之地抛售手中的黄金，肯定会大赚一笔！”

摩根迅速地盘算了这笔生意的风险程度，爽快地答应了克查姆。一切按计划行事，正如他们所料，秘密收购黄金的事因汇兑大宗款项走漏了风声，社会上流传着大亨皮鲍狄购置大笔黄金的消息，“黄金非涨价不可”的舆论四处流传。于是，很快形成了争购黄金的风潮，金价飞涨。摩根一瞅火候已到，迅速抛售了手中所有的黄金，趁混乱之机又狠赚了一笔。

这时的摩根年仅26岁。

此后的100多年间，摩根家族的后代都秉承了先祖的遗传，不断地冒险，不断地投机，不断地暴敛财富，终于打造了一个强大的摩根帝国。

“机遇与风险同在”，这几乎已经成了一句现代俗语。敢冒风险的人才有最大的机会赢得成功，古往今来，没有任何一个成大事者会不经过风险的考验。

公元73年，为了联络西域各国共同对付匈奴，班超奉命出使西域。他带着随从36个先到了鄯善（在今新疆境内）。鄯善原来是归附匈奴的，因为匈奴逼他们纳税进贡，勒索财物，鄯善王很不满意。但是这几十年来，汉朝顾不到西域那一边，他只好勉强听匈奴的命令，这次看到汉朝派了使者来，他就挺殷勤地招待他们。

过了几天，班超发现鄯善王对待他们忽然冷淡起来。他起了疑心，跟随从的人员说：“你们看得出来吗？鄯善王对待咱们跟前几天不一样了，我猜想一定是匈奴的使者到了这儿。”

话虽这样说，毕竟只是一种猜想。刚巧鄯善王的仆人送酒食来。班超装得早就知道的样子说：“匈奴的使者已经来了几天？住在什么地方？”

鄯善王和匈奴使者打交道，本来是瞒着班超的。那个仆人被班超一吓，以为班超已知道这件事，只好老实回答说：“来了3天了，他们住的地方离这儿30里地。”

班超把那个仆人扣留起来，立刻召集36个随从，对他们说：“现在匈奴使者才到几天，鄯善王的态度就变了。要是他把我们抓起来送给匈奴人，我们的尸骨也不能回乡了。现在只有一个办法，趁着黑夜，到匈奴的帐篷周围，一面放火，一面进攻。他们不知道咱们有多少人马，一定着慌。只要杀了匈奴的使者，事情就好办了。”

大家说：“好，就这样拼一拼吧！”

到了半夜里，班超率领着36个壮士偷袭匈奴的帐篷。那天晚上，正赶着刮大风。班超吩咐10个壮士拿着鼓躲在匈奴的帐篷后面，20个壮士埋伏在帐篷前面，自己跟其余6个人顺风放火。火一烧起来，10个人同时擂鼓、呐喊，其余20个人大喊大叫地杀进帐篷。

匈奴人从梦里惊醒，到处乱窜。班超打头冲进帐篷，其余的壮士跟着班超杀进去，杀了匈奴使者和30多个随从，把所有帐篷都烧了。

班超回到自己的营房里，天刚发白。班超请鄯善王过来。鄯善王一看到匈奴的使者已被班超杀了，就对班超表示愿意服从汉朝的命令。

班超看准时机，当机立断，该出手时就出手，终于化险为夷，达到了出使西域的目的。

与机会结伴而来的风险其实并不可怕，就看我们有没有勇气去挑战风险、抓住机遇。有胆识险滩信步、激流扬帆，才能把要办的事办成功。

目标专注，一注直前

托人办事，有人因为求成心切，便治病乱投医，今天求这个，明天又转求那个，结果没有一个肯帮助，甚至得不偿失。所以，求人办事不可脚踏两只船。平常做事也一样，一次只能专心地做一件事，全身心地投入并积极地办成它，这样才有希望做好。

如果遇到了急事、烦心事，就想托人帮忙，把问题很快解决掉，这是人之常情。但是，许多求人者为了保证把事办得十拿九稳，便多方奔走，求了这个又求那个，见佛就拜，其实这正是求人办事的大忌。要知道，当你把事情拜托一个人后，再去求别人，等于对前面的人不信任，最起码也是没有信心的表现。如果他知道你还在求别人，他就觉得自己办不办事无所谓，就不会放在心上。而且，人多嘴杂，多方人物一旦碰头，说法不一，办事方法更不一，就容易出岔子，弄不好反倒会把事情搞砸了。这样的例子太多了。

因此，在求人办事的时候，瞄准一个目标人物是非常重要的，准确的目标有助于你集中精力，全力以赴。

老张的儿子和人争吵，一气之下大打出手，把对方打成重伤，闯下了大祸，被派出所关了起来。儿子是老张的独苗，视同心肝宝贝，见儿子出了事，他又气又急，饭吃不下，觉睡不着，简直感到整个世界都崩塌了。加上老伴整天以泪洗面，更使他觉得没有面子，失去了生活信心。

这时，一个邻居给老张出了个主意，认为当今社会，有关系什么事都能通融，你老张这么成天闷在家里也不是办法，要真为儿子着想，就赶紧出去“活动活动”！对于邻居的一片好心，老张不能不听。于是，他横下一条心，豁出一张老脸，就求人这一回吧！他今天跑东家，明天求西家，每天累得东倒西歪地回来。邻居们给他指的路子，他几乎都跑遍了，甚至街道办事处、居委会也走了不止一趟，逢人便递烟、流泪、送礼、诉说。人们听了案情，都觉得老张挺可怜，他儿子挺冤枉，一边陪他叹气，一边说愿意想办法帮忙。老张求人求了十几家，送礼送了一万多，他一天天地跑，一天天地等，可就是迟迟不见儿子出来。

正当老张急得焦头烂额之时，这天，儿子溜溜达达地回家了。一家人喜出望外，一个劲儿感谢老天爷开眼、大家的帮忙。他们哪里想到，儿子的问题根本不怎么严重，属于治安问题，行政拘留10天，再赔点医药费，事情也就结束了。实际上，在这件事情上，谁也没帮他的忙。

做事要有固定目标，这个道理同样适合在做事的过程中。在做事的时候，最好一次只专心地做一件事，全身心地投入并积极地办成它，这样你的心里就不会感到筋疲力尽。不要让你的思维转到别的事情、别的需要或别的想法上去。

一位画家举办过十几次个人画展，参加各类画展也不下百次，不论自己是否获奖，也不论参观者多少，他的脸上总是挂着开心的微笑。

在一次聚会上，有人问他：“你为什么每天都这么开心？”

他微笑着反问道：“我为什么要不开心呢？”接着，他讲了自己儿时的一件事——

我小时候，兴趣非常广泛，也很要强。画画、拉手风琴、游泳、打篮球，样样都学，还必须都得第一才行。这当然是不可能的。于是，我闷闷不乐，心灰意冷，学习成绩一落千丈。有一次我的期中考试成绩竟排到全班的最后几名。

父亲知道后，并没有责骂我。晚饭后，父亲找来一个漏斗和一捧玉米种子，放在桌子上，告诉我说：“今晚，我想给你做一个试验。”父亲让我双手放在漏斗下面接着，然后捡起一粒种子投到漏斗里面，种子便顺着漏斗落到了我的手里。父亲投了十几次，我的手也就有了十几粒种子。然后，父亲一次抓起满满一把玉米放到漏斗里，玉米粒相互挤着，竟一粒也没有掉下来。父亲意味深长地对我说：“这个漏斗代表你，假如你每天都能做好一件事，每天你就会有一粒种子的收获和快乐。可是，当你想把所有的事情都挤到一起来做，反而连一粒种子也收获不到了。”

几十年过去了，我一直铭记着父亲的教诲：“每天做好一件事，坦然微笑着面对生活。”

每天做好一件事，而不要想着更多。当你在做事的时候，把你需要做的事情想象成是一大排抽屉中的一个小抽屉。你的目标只是一次拉开一个抽屉，令人满意地完成抽屉内的工作，然后将抽屉推回去。不要总想着所有的抽屉，而要将精力集中在你已经打开的那个抽屉。了解你在每次任务中所需担负的责任，了解你的极限。如果你把自己弄得筋疲力尽并失去控制，那你就是在浪费你的效率、健康和快乐。选择最重要的事先做，把其他的事放在一边。做得少一点，做得好一点，才能在工作中得到更多的快乐。在激烈的竞争中，如果你能向一个目标集中注意力，办成事的机会将大大增加。

人的时间和精力总是有限的，试图同时做好每一件事是不可能的，那样的结果也许是一事无成。所以，我们不要追求面面俱到，也不要追求十全十美。只要合理安排工作，每天做好一件事，日积月累，成功就会向我们招手，成功的喜悦也会随之而来。

做事不要半途而废

每个人都有自己的目标，成功者和失败者都有自己的理想。所不同的是，失败者常常是因为半途而废，而成功者则完全不同，当他们决心把自己的希望和抱负变成现实的时候，无论身边多少人说他不行，即使在重重摔倒以后，他也总是坚强地站立起来，愈挫愈勇，向着目标奋勇攀登。

要想办成一件事情，切忌半途而废，否则，就永远成不了大事。办事最忌半途而废，半途而废的人永远也不会成功。

唐宋八大家之一的欧阳修，小时候很聪明，学东西很快，也记得牢，时间久了，就滋长了骄傲情绪，翘起了尾巴。

一天，他只顾贪玩，没完成母亲留给的作业任务。母亲很严肃地把他叫到身边，许久没有说一句话，只是不断地织着布。忽然，母亲停了下来，递给小欧阳修一把剪刀，对他说："你过来，把这匹布剪了。"小欧阳修吃惊地说："娘，你为什么要剪布啊？你好不容易织成的布，一剪断就没法卖了。娘，我不能剪。"母亲这才对儿子说："你知道好不容易织的布，一剪断就可惜了；可是你不知道，你好不容易读到的书，如果一中断，也是可惜的。如果你一点一滴积累起来的知识不能继续巩固，就会荒废，长大了就难以成才啊。”母亲的一席话，让小欧阳修感到了脸红，他惭愧地低下了头，对母亲说：“娘，我知道错了，我以后再也不贪玩了。”

在现实社会中不难发现，那些成功者总是坚持不懈地致力于某件事情，以求找到一条最合理、最实际的前进之路。无论面对什么情况，成功者都显示出创业的勇气和坚持下去的毅力。他们以一种大无畏的开拓精神，稳步前进在崭新的道路上，在挫折面前泰然处之，坚定不移。

成功者共有的一个重要品质，就是在失败和挫折面前仍然充分相信自己的能力，而不停止自己的脚步。很多成功人士在其早年生活中，都曾痛苦地遭到老师和同事的阻拦和泼冷水，而反对的焦点却恰恰在后来成为他们出类拔萃的亮点。人们断言他们绝对办不成想干的事，或者说他们根本不具备必要的条件，但他们不听这一套，而坚定地按照自己的信念干下去。

让我们先来看看一位鼎鼎有名的科学家：

诺贝尔曾努力寻找硝化甘油爆炸的引爆物，经历了许多失败，以至于他的父亲和哥哥嘲笑他固执，他不急躁，不灰心，耐心地分析失败的原因，经过锲而不舍的反复试验和细致分析，诺贝尔终于发现了用少量的一般火药导致硝化甘油爆炸的方法，由此他第一次获得了瑞典专利权。一年秋天，他开始用雷酸汞引爆剂，失败了几百次。成功的那一天，“轰”的一声巨响，诺贝尔的实验室被送上天，他自己也被炸得鲜血淋淋。以鲜血为代价，诺贝尔获得了成功，由此，他发明了雷管。

更可怕的事情发生在斯德哥尔摩的诺贝尔住宅附近的实验室，硝化甘油爆炸事故使从事实验的5个人死于非命，诺贝尔当时不在实验室，得以幸免于难。这次事故使他极为悲痛，对他的毅力和理智都是一次严峻考验。许多人开始对他的研究进行责难，连亲人也劝他放弃这危险的实验，但诺贝尔绝不愿半途而废，他决心完成对硝化甘油在爆破工程上实际应用的研究，使炸药能更好地为人类造福。在他不懈的努力之下，硝化甘油终于可以用于实际的应用。

其实，这样的例子我们还能举出好多。有趣儿的是，正是在那些别人评价很低的方面，这些伟人们取得了杰出的成就，比如口吃的成了演说家，文科太差的获得了诺贝尔文学奖。

接着，再来看一些不那么著名的人物，但他们也许对年轻人更有启迪意义，而且也更感兴趣——他们是文体明星、演唱组合。

利文·尤里曼，两次被提名为奥斯卡金像奖最佳女演员的候选人，当年投考戏剧学院时，却没有被录取，因为主考人认为她没有表演才能。

滑雪教练员彼得·塞伯特首次透露他将开创一个新的项目时，大家都认为这简直是天方夜谭。站在科罗拉多大峡谷的一个山顶，塞伯特表述了那个从12岁开始就伴随着他的梦想，开始向世人认为不可能的事情进行挑战。塞伯特的梦想——高台跳雪——现在已经成为现实。

1962年，四名少女梦想开始专业歌手的生涯。她们先是在教堂中演唱并举办小型音乐会，后来灌制了一张唱片，但未获成功。接着又灌制了一张唱片，但销路极差。第三张、第四张、第五张直至第九张唱片，都未能走红。1964年，她们因《侦探克拉克的表演》而小有声名，但这张唱片也是订货寥寥，收支仅仅持平。那年年底，她们录制了《我们的爱要去何方》，结果荣登金曲排行榜榜首。黛安娜·罗丝及其“超级者”组合开始赢得人们的认可，引起乐坛轰动，声名鹊起。

世界上没有什么事是办不了的，没有什么困难是不能克服的。欧阳修在母亲的教育下，刻苦攻读，成为一代大文学家；诺贝尔历经千难万险仍坚持研究，终成一代科学伟人。

要避免半途而废的办事方法，就要克服畏难思想，树立无坚不摧的信念，还要讲究方法，选定一个目标，锲而不舍。老虎和绵羊的实力简直不可比拟，虎落羊群，羊儿四散溃逃，老虎只盯一只追，这样就不会盲目地瞎跑，可以说十拿九稳；如果没有固定目标，那么每一只羊都会精力充沛地逃生，而老虎却因换来换去而耗费体力，结果可能一只也追不上。

伏尔泰曾经说过："要想在这个世界上获得成功，就必须坚持到底，剑至死都不能离手。"任何人成功之前，都会遇到许多的困难和阻力，甚至是失败的打击。这时，如果你放弃了，也许你就真的失败了，所谓"功败垂成""功亏一篑"，说的就是这个道理。而自古以来，那些所谓的英雄，并不比普通人更有运气，只是比普通人更有坚持到最后的勇气和信念。

吃多少饭，用多大碗

办事要量力而行，对自己做不到的事，要说明情况，不要勉为其难。然而，在这个世界上有很多人不会拒绝别人，他们对每一个人提出的要求都回答"好"，或者"没问题"，结果却把自己弄得精疲力竭。

有一个小品，男主人公与人见面时总是说一句"有事您说话”，于是大家有事就真的去找这位热心人，而且找的人越来越多，最后使他陷于窘境。

每个人都有自己的能力极限，谁也不是万事皆能的全才。俗话说，覆水难收。话一出口就没有挽回的余地，后果就需要自己去承担。一旦失利，失去的不仅是做成这件事的机会，还有他人对你的信任。试想一下，一个只会说不会做的人，谁会喜欢。因此，当遇到他人的请求时，不要把话说得太满，要给自己一个回旋的余地。

应当承认，在当今的社会交往中，我们每一个人都会遇到不合理的要求或请求，这时候如果盲目地逆来顺受，就会造成心理、精神上的压力和负担，影响我们的工作和学习。因此，我们应该懂得在适当的时候说“不”，以保护自己的权益。

拉姆这几天明显有些睡眠不足，他有太多的事情要做。可是，当邻居杰妮请他过去帮忙弄一下电脑时，他说：“OK！”

哈特请他帮忙抬电子琴到楼下时，他说：“Yes！”

菲迪问他能否帮忙照看一下自己的小孩时，他说：“of Course.”

嘉莉要他为她的派对做张海报时，他说：“All Right！”

拉姆的特点是几乎从不说“No”；而欧利在这方面的习惯却与拉姆大不相同。

早上，露茜阿姨打电话来，问欧利能不能陪她一起去看“苏富比”拍卖的中国古董。欧利说：“不！”

中午社区报纸打电话问欧利能不能为他们的征文颁奖。欧利说：“不！”

下午圣若望大学的学生打电话来，问他能不能参加周末的餐会。他说：“不！”

晚上，《华盛顿晚报》有传真来问欧利能不能写个专栏。

他说："不！"

当拉姆说四个"是"的时候，欧利说了四个"不"！

有人或许认为欧利不近人情，可当事人并没有这种感觉。因为，欧利很讲究方式和技巧。当他说第一个"不"时，同时告诉露茜阿姨："下次拍卖古董，我会去。至于今天，因为我对家具、器物、玉石的了解不多，很难提出好的建议。"欧利说第二个"不"时，他说："因为我已经做了评审，贵报又在最近连着刊登我的新闻，而且在一篇有关座谈会的报道中赞美我，而批评了别人。如果再去颁奖，怕要引人猜测，显得有失客观。"欧利说第三个"不"时，他说："因为近来有坐骨神经痛之苦，必须在硬椅子上直挺挺地坐着，像是挨罚一般，而且不耐久坐，为免煞风景，以后再找机会！"欧利说第四个"不"时，他以传真告诉对方："最近已经寄出一篇文章，专栏等以后有空再写。"尽管欧利说了"不"，但是说得委婉。他确实拒绝了，但拒绝得有理。因此能够取得对方的谅解，自己也落得清闲，而不像拉姆那样使自己睡眠不足。

这世界上确实有许多人不会说"不"，他们或是不敢，或是不好意思。他们顾虑重重，唯恐一个"不"字会拒人于千里之外，怕失去合作伙伴，怕引起上司的误解，怕丢掉眼看到手的生意……这就要求我们学会说"不"的技巧。

日常生活中我们之所以难以拒绝别人，其中原因之一是不愿看到别人失望的表情。面对一个人的要求，我们的拒绝会令双方之间的愉快气氛一扫而空，所以我们要学会把说"不"时的不愉快感受擦拭掉。同时，要让对方感受到我们很想帮助，只是无能为力，没办法做到。

当听到冰冷的拒绝时，谁都难免心中不是滋味。如果我们拒绝后立即给予对方以"补偿"，会使对方本来因你的拒绝产生的不满、失望的感情得到补偿，把对方的关心导向那个补偿替代物上面。虽然“替代物”并没有什么重要的意义，但在心理上则是十分有效的方法。

美国人际关系大师戴尔·卡耐基就十分善于运用这种技巧。一天，卡耐基的一个好朋友受一所大学委托，盛情邀请他周末到那所大学演讲。然而卡耐基的计划都排满了，无论如何也抽不出时间来。于是他对朋友说：“很抱歉，我实在排不出时间来。”紧接着，他推荐别的演讲者，还附带加上一句话：“某某先生说不定是比我更适合的人选呢。”

当然，在拒绝他人的时候，我们可能找不到“替代物”，也不能做出什么“努力”。这种时候，我们就要毫不犹豫地拒绝。我们可以直截了当地说“不”，也可以抓住对方否定性的语意加以反击。比如，对方说“东西不错，虽然价格稍贵”“请你加点班好吗？虽然你也许很累……”“借我点儿钱好吗？尽管我知道你也不富余……”等的时候，我们就要以此为回击的基点“嗯，的确太贵”“是的，我的确太累了……”“我是不富余，这不，过几天就要交房租……”这样，由于借助了对方自己也承认的事实，所以对方会逐渐失去反驳的依据。

总之，做事要量体裁衣，自己感到难以做到的事，要勇敢地鼓起勇气，承认自己的不足，让对方有个了解的空间，对自己也有一个缓和的余地。要勇于说“不”。试想一下，如果硬撑着答应，将来误了事儿，那才不好收场。只有这样，你才能成为真正会办事的人。否则，在能力之外的事情还勉强地答应，那么将来丢脸的肯定是自己。在工作中，领导让你做某事时，你要认真地考虑好，这件事自己是否能够胜任。把自己的能力与事情的难易程度以及客观条件是否具备结合起来考虑，然后再做决定。

不要忽视小事

每个人的心中都有自己的远大理想和宏伟目标，而偏偏就在实现这些理想与目标的过程中，不愿去做那些所谓的“小事”，总认为这些小事不足以体现自己的人生价值。有些年轻人雄心万丈，一踏入社会就想做大事、赚大钱，恨不能三年五载甚至更快就成为比尔·盖茨第二。而他们并不知道，一切“大事”都是从小事积累起来的。

有句话说得好：“一日一钱，千日一千，绳锯木断，水滴石穿。”有时候看似很小的事情，最终会有意想不到的结果！做事考虑细节，是人们迈向成功的第一步。

人只要一心一意地做事，世间就没有做不好的事。这里所讲的事，有大事，也有小事，所谓大事小事，只是相对而言。很多时候，小事不一定就真的小，大事不一定就真的大。关键在于做事者的认知能力。不要小看做小事，不要讨厌做小事。只要有益于工作、有益于事业的事都是应该做的事。那些一心想做大事的人，常常对小事嗤之以鼻，不屑一顾。然而，连小事都做不好的人，大事是很难成功的。大事往往都是由做成一件件小事而成就的，我们要放下架子，不要对小事不屑一顾，而是踏踏实实从小事做起。

世界上许多富翁都是从“小商小贩”做起的。这样的例子我们可以举出一串来：李嘉诚最初是卖塑料花的，王永庆最初是卖大米的，松下幸之助最初是卖自行车车灯的……就连现在年轻人的榜样比尔·盖茨，他创业初期的一单大买卖好像也不过5万美元。这说明，只有扎扎实实地从小事情做起，你所从事的事业才会有坚实的基础。

比尔·盖茨说："你不要认为为了一分钱与别人讨价还价是一件丢人的事，也不要认为小商小贩没什么出息。金钱需要一分一厘积攒，而人生经验也需要一点一滴积累。在你成为富翁的那一天，你已成了一位人生经验十分丰富的人。"当然，"做大事"的志向并没什么错，有了这个志向，你就可以不断向前奋进。但社会上真能"做大事"的人并不多。这是因为，要想有高起点，当然要有好基础，问题是绝大多数人并不具备这样的条件，含金衔玉而来的人，毕竟太少了。所以，当你条件普通，又没有良好的家庭背景时，那么"先做小事"，绝对没错！

"先做小事"，最大的好处是可以在低风险的情况之下积累工作经验，同时也可以借此了解自己的能力。此外，"先做小事"还可培养自己踏实的做事作风和金钱观念，这将使我们终身受益。

美国一名13岁的学生萨赫特，曾经替人照看婴儿以赚取零用钱。他留意到家务繁重的婴儿母亲经常要紧急上街购买纸尿片，于是灵机一动，决定创办电话送尿片公司，只收取1美元的服务费，便会送上纸尿片、婴儿药物或小件玩具等商品。

最初，萨赫特只给附近的家庭服务，很快便受到左邻右舍的欢迎，于是他印了一些卡片四处分送。结果业务迅速发展，生意很好。但由于萨赫特还在上学，只能在课余时间用自行车送货，于是他用每小时6美元的薪金雇用了一些大学生帮助他。现在，萨赫特已拥有多家规模庞大的公司。

也许，萨赫特在我们看来不够权威，那就让我们再看看仅次于比尔·盖茨的美国第二大富翁沃伦·巴菲特。无独有偶，此位也是“做小事”起家的典型。巴菲特从11岁就开始投资股市，历经几十年坚持不懈。因此，他认为，他今天之所以能靠投资理财创造出巨大财富，完全是靠近60年的岁月，慢慢地创造出来的。巴菲特强调，千万别自大地认为你是个“做大事”的人，而不屑去做小事。要知道，连小事也做不好的人，别人是不会相信你能做大事的！如果你抱着这种只想“做大事”的心态去投资做生意，那么失败的可能性很高。

吉邦搬家中心总公司创办于1989年，仅用了九年时间，它的年营业额就增加356倍，达到了110多亿美元，并从一个地区性小型公司，发展成覆盖全美近60个城市、拥有众多分公司或联营公司的大型企业。欧洲一些国家还争相购买它的搬家技术专利。

说起来，搬家并不是什么大生意，不过是替顾客跑跑腿，工作的技术含量也不高……显然，这生意赚钱有限，起点不高，要让我们“天之骄子”这样的大学毕业生去做，似乎有些“屈才”。然而，这项小生意在全美国却有着600亿的市场，而且也让吉邦公司的老板杰克做出了技术含量，达到了高标准。

杰克的公司开张后，果然生意很红火，许多顾客都打电话提前预约。杰克经营之初就对搬家技术做过全面的了解，根据顾客的需要，他对搬家技术进行了一系列革新，开发出许多附带的服务项目。他抓住顾客珍惜家财和怕家财外露的心理，设计了搬家专用车，把家用器具装在这种车上，既安全可靠，又不会被路人看见。针对城市住宅多是高层公寓，杰克专门设计了搬家专用吊车和集装箱，高层公寓居民搬家时，只要用吊车把集装箱送至窗前即可进行作业。此外，杰克还提供与搬家有关的服务多达400余项。

杰克十分重视公司的服务质量。该公司每完成一宗搬家任务后，都要请顾客填写《完成证明书》，它的背面则是《赔偿请求书》。作业人员如果连续10次向公司交回《完成证明书》，杰克就亲自奖励给该员工1万美元；如果出现索赔事故或受到顾客批评，不但得不到奖金，还要被扣罚薪水。这种严格的业绩考核方法，使公司员工都把提高服务质量与自己的切身利益紧密联系起来。吉邦搬家中心以其优质服务和创新经营，得以在美国众多的搬家公司中脱颖而出，并遥遥领先。

杰克及其搬家中心的斐然业绩证明，即使一些不引人注目的行业，以及那些被人瞧不起的新行业，也能创造出杰出的企业家，创造出令人惊叹的奇迹。

成功最重要的秘诀，就是去做别人不愿意做的小事。小事，一般人都不愿意做。但成功者与一般人最大的不同，就是他愿意做别人不愿意做的事情。一般人都不愿意付出这样的代价，可是成功者愿意，因为他渴望成功。别人不愿意端茶倒水，你就要更加端出水平；别人不愿意洗刷马桶，你就要更加洗刷得明亮；别人不愿意操练，你就要更加自我操练；别人不愿意做准备，你就多做准备；别人不愿意付出，你就多付出。只要你每件事都多做一点，你的成功率一定会提高不少。

精心地把握好人脉

编织关系网络，就是用心为自己也为别人创造一个和谐融洽的生存空间。因为在重要时刻给予重要信息或者在合适的位置给予帮助，这不管对公司，还是对个人而言，都常常是在事业上获得成功的重要因素。没有一张起作用的关系网，想在事业上取得较大的成就几乎是不可能的。

人不可能单独生活，人与人之间不能没有交往。每个人都处在政治的、经济文化的等各种相互关系之中，都必须和其他的人打交道。人际交往中的喜欢与调研厌恶、接近与疏远都是相互的。喜欢和我们接近的人，我们才喜欢与他们接近，我们的人，我们也会疏远他们。这就是人际交往中的最为基本的互动原则。下面是我们进行人际交往应该掌握的一些基本原则，它们都是在人际互动这个最基本原则基础上衍生出来的。在现代社会中，建立人脉网，对我们每个人有很大的益处。

1. 互惠互助

在建立人际关系的过程中，“互惠”所指的主要是恩惠的交换。著名的社会心理学家霍曼斯提出，人际交往在本质上是一个社会交换的过程。我们在交往中总是在交换着某些东西，或者是物质，或者是情感，或者是其他。正是交往的这种社会交换本质，要求我们在人际交往中必须注意，让别人觉得与我们的交往值得。无论怎样亲密的关系，都应该注意从物质、感情等各方面“投资”，否则，原来亲密的关系也会转化为疏远的关系，使我们面临人际交往困难。

这里，我们必须先把建立人脉网的目的弄清楚。人际关系不是表现爱的公开集会，而是为符合双方持续需求所形成的一种关系。你付出，便有收获；没有付出，就没有收获。

在我们积极付出也就是“投资”的同时，还要注意不要急于获取回报，不要害怕吃亏，不要吃点亏就老大不情愿。

其实，付出总有回报，吃亏其实是一种明智的、积极的交往方式。

2. 互赖

一位游客到一个地方旅游，途中有些饿了，想找一家湘菜馆。他问一位服装店老板。

“除了这条街之外，附近哪里有湘菜馆呢？”

“碧云湘菜馆，在湖南西路28号。”

“有多远？”

“走路差不多一刻钟，”他说，“但是你知道吗？它是这一带最好的湘菜馆。”

当这位游客到达湘菜馆时，大厅里挤满了人。然而，服务生还是为他找到一张不错的桌子。他在那里消费了近200元。

当他用完餐结账时，服务小姐热情地对他说：“先生，谢谢你的光临，难得来一次这里，难道不想带一套衣服回去送给你的女朋友吗？从这里买回去的衣服意义不一样，你女朋友一定会喜欢的。郦郦服装店是全城最质优价廉的服装店，这是他们的名片。”说完就递给他一张名片，名片上写着：“郦郦服装店，金色时代广场西北角，一个你不来就会后悔的地方。”

也许这位游客会去，也许他不会去，但无疑的是，肯定有人会去。

这就是互赖原则。如果我们正着手创立一番事业，就应该考虑，如何在竞争中找到一些潜在的可以互相依赖的同盟。也许，前来光顾你公司的顾客中就有不少这种随缘而来的顾客。

3. 平等

人对一个新的环境，总是要有一个适应的过程。这个适应过程的本身，就是一个逐渐地对环境实现自我控制的过程。在陌生的环境里，人们常常处于高度紧张的自我防卫状态。直到我们熟悉了周围的环境，了解了经常发生联系的人、事，我们才真正比较放松，真正适应。

在人际交往的过程中，如果要使别人从内心深处接纳我们，就必须保证别人在与我们相处时能够实现对环境的自我控制。也就是说，要让别人在一个平等、自由的气氛中与我们进行交往。如果交往的双方对情境的控制是不均衡的，一方必须受到另一方的限制，那么这种关系就注定不能深入，必定缺乏深刻的情感联系。

如果你是一个领导，那么当你以权威的身份出现在别人面前时，无论你怎样强烈地希望了解他们的内心世界，他们都难以对你真正的信任，不会暴露自己内心深层的东西。

4. 和平共处

和平共处就是用和平的、对话的、协商的、非暴力的方法处理矛盾，解决冲突。想要成就一番事业，就一定要尽力防止同别人产生冲突，所以要做到以下几点：

（1）要胸怀宽广，高瞻远瞩，凡事讲大局，讲风格，讲团结，调动一切积极因素，为一个共同的目标而努力。

（2）要注意调查研究，及时掌握他人的思想动态，努力化解各种矛盾，减少或完全消除人与人之间的隔阂。

（3）以理解的眼光看别人，懂得大千世界是五彩缤纷的，人也是各种各样的。别人不可能有完全同我们一样的志趣，我们不能像要求自己那样要求别人，每个人都有自己的个性和特点，有不同的长处和短处。

（4）宽容别人的过错，明白世上没有十全十美的人，包括自己在内，谁都有缺点，谁都有可能犯错误，给别人改正错误的机会，就像希望别人也原谅自己的过失一样。

（5）对别人不要求全责备，要小事糊涂，大事明白，记住水至清则无鱼。对别人要求过高就会曲高和寡，对别人太苛刻就会被拒之千里之外，对别人横挑鼻子竖挑眼，就没有人愿意同你共事。

（6）除非是涉及原则性的问题，一定要搞清楚是非曲直之外，对一些无关紧要的事，就不要过于认真，要大事化小，小事化了，甚至有意装糊涂。绝不要将简单问题复杂化，本来没有多大的事，却非要寻根究底，弄个水落石出，论出个谁是谁非，结果只能是天下本无事，庸人自扰之。

（7）冤家宜解不宜结。出现了矛盾，应该想方设法寻求理解和沟通，就事论事，不要把矛盾扩大。要勇于作自我批评，以自己的真诚换取别人的理解。化解矛盾要首先从自己做起，记住你如何对待别人，别人也会如何对待你。要走进别人的心灵，自己就要首先敞开胸怀。

5. 诚信

真诚是人际交往的最基本的要求，所有的人际交往的手段、技巧都应该是建立在真诚互信的基础之上的。真诚不是写在脸上的，而是发自内心的，伪装出来的真诚比欺骗更令人讨厌。

6. 尊重他人

人有脸，树有皮，每一个人都有自尊心，都希望别人的言行不伤及自己的自尊心。杜威教授曾这样说过：“自重的欲望，是人们天性中最急切的要求。”贾姆斯博士也说：“人们天性的至深本质，是渴求为人所重视。”

自尊心的高低是以自我价值感来衡量的。自我价值感强烈，则自尊心水平较高；自我价值感不强，则自尊心较低。人的自我价值感主要来自人际交往过程中，来自他人对自己的反馈。别人的肯定会增加人们的自我价值感，而别人的否定会直接威胁到人们的自我价值感，因此，人们对来自人际关系世界的否定性的信息特别敏感。

我们在人际交往中，要注意对他人的自我价值感起积极的支持作用，维护别人和自尊心。须知，尊重别人，别人同样会尊重自己。

7. 分享

分享是一种最好的建立人脉网的方式，你分享得越多，你得到的就越多。世界上有两种东西是越分享越多的。一是智慧、知识，二是力量。

当你愿意把你自己最好的东西拿出来与人共同分享时，你将会得到以下两大好处：

（1）你与人分享的东西是对其有用有帮助的，他就会感谢你。

（2）你愿意同别人分享，有一种愿意付出的心态，别人会觉得你是一个正直、诚恳的人，愿意与你交朋友。

编织关系网络，就是用心为自己也为别人创造一个和谐融洽的生存空间。因为在重要时刻给予重要信息或者在合适的位置给予帮助，这不管对公司，还是对个人而言，都是在事业上获得成功的重要因素。没有一张起作用的关系网，想在事业上取得较大的成就几乎是不可能的。

在编织人脉网的过程中，除了遵循以上人际交往的基本原则外，我们还可以运用一定的方式和技巧，以使我们在人际交往中如鱼得水。

实际上，我们的“人脉网”远比你意识到的要广大得多。我们实际拥有的网络延伸到了我们每天都有联系的人之外，更多的联系包括我们与之共同工作和曾经一同工作过的人。同学和校友，朋友，整个大家庭的成员，我们参加研讨会或其他会议时遇到的人，这些人都会是我们的网络成员。我们的网络成员还包括那些在网络中认识的人，以及与他们有联系的人。

在建立人脉网，处理这众多的人际关系方面，美国专家哈维·麦凯为我们探索出了一个良好的方法。

麦凯还小的时候，他爸爸就教育他说：“麦凯，假如你要想成功的话，从现在开始，你要关心自己所见到的每一个人。”他就记住了，从那以后他见到的每一个人，他都很关心，先把名字记下来，然后再了解他的其他情况。到了对方过生日，他就寄贺年卡，到了对方过结婚纪念日，他就送去一束玫瑰花表示道贺。后来他干脆设计了一个系统，叫作“麦凯66档案”，就是说每一个人都有66个空格问题，包括姓名、性别、年龄、生日、星座、血型、嗜好，在哪里上小学、中学、大学，在哪里工作，以及他爱人，还有他小孩的姓名、性别、生日、星座、血型、嗜好……

有一次，麦凯去拜访一个大企业的老板，让这个企业来买他的信封。可是，不管麦凯怎么说，这个老板都不肯买。麦凯还是更新了他的“麦凯66档案”，添上新的记录，而且不断地和这个老板保持联系。有一天，他得知这个老板去了医院，员工告诉他：“老板的儿子出车祸了。”他马上翻开档案，一看，老板的儿子11岁，崇拜篮球明星麦克尔·乔丹。

麦凯的人缘很好，他正好认识麦克尔·乔丹所在的公牛队的教练。麦凯买了一个篮球，寄给公牛队咏教练，拜托教练请乔丹和全体队员签了名。公牛队的教练将签好名的篮球寄给了麦凯。麦凯把篮球送到了医院里，小孩一看，有乔丹签名，不得了，小孩子抱着球跑来跑去，高兴得晚上睡不着觉。

他爸爸来看他时，他正高兴地抱着球坐在那里，他爸爸问他："儿子，你怎么不睡觉？"

他说："爸，你看这是什么？"

他爸爸一看就问："乔丹签名的篮球，你怎么会有？"

他说："爸，是麦凯叔叔送我的。"

他爸爸一听，说："麦凯，不就是卖信封的那个人吗？我一直都没有买他的信封。"

这时，儿子说了这么一句话："爸，你应该买麦凯的信封才对。他这么关心我，你也应该关心他才对呀！"

第二天，老板就找到了麦凯向他道谢，并向他订购了大量的信封。

麦凯的工作只是卖信封，但谁能想到，他就是通过卖信封，结交了美国政界、新闻界、体育界的知名人物。他的经验是，跟大人物交往，要让他对你产生一种惊讶、新奇、不得了、佩服的感觉。他说，这叫作"攻心为上"。所以他想认识谁，就能认识谁，因为还未认识之前，他就已经研究了这个人的一切，然后给人家来一个出其不意、投其所好。在一个人非常了解你，而你对他却一无所知的情况下，有谁还能不反过来认真打量这个"神秘"人物，并与之结交呢？

建立你的人际关系档案，并寻求别人的帮助。这就是麦凯之所以能建立如此良好的人脉网的最好方法。当建立起你的人际关系档案后，你就能够在你要结识的人最需要的时候，及时给其以满足和惊喜，或锦上添花，或雪中送炭。这不是心计，而是人们相处的一个基本原则：当你想着别人的时候，他们会感激你，在你需要的时候也会帮助你。即使现在他们不知道你的关怀和爱心，当他们一旦知道你一直在关心着他们后，他们会更加感激，并加倍地回报你。因此，可以说，当你建立你的人际关系档案后，你就已经架构好你的人脉网的骨架，接下来，便只是去完成一件件必要的事情了。

此外，我们在编织自己的人脉网时，应当特别注意那些对我们非常重要的人际关系。人类学家认为，一个人所建立的愉快及重要的人际关系，其数目有限。而不论地理位置、社会化程度或文化差异如何，所有人的重要人际关系都是相似的。你会发现人际关系也是符合“二八定律”的。

运用二八定律，专家对人际关系得出以下令人震撼的结论：

——在我们全部的人际关系中，20%的关系，给了我们80%的价值。

——在我们人际关系的价值中，80%是来自20%的关系。

——对于产生80%价值的20%关系，我们所付出的关注远不到80%。

我们可以得出结论：一个人在其创业过程中最重要的决定，是谨慎地选择合作伙伴或盟友。他们懂得找出给他们最大帮助的人，将时间放在重要的人际关系上，并且珍惜关键的合作伙伴或盟友。如此建立起来的非常良好的人脉网，给这些创业人士带来了丰厚的回报。没有密切的合作伙伴或盟友，便难以在事业上取得大的成就。

当然，世界是不停变化的。我们在与老朋友打交道的同时，还要不断地与众多新面孔打交道，不断地结识新朋友。因此，我们要不断地更新我们的人脉网档案，不断地刷新我们的人脉网。这就需要我们在维持旧的人脉网时，要不断将其完善，不断地增加新的内容，以保持我们的人脉网随时处于最良好状态。我们再来看看麦凯是如何建立良好的人脉网，并利用它来经营他的麦凯信封公司的。

麦凯以前在品园信封公司工作当中，熟悉了经营信封业的流程，懂得了操作模式，学会了推销的技巧，建立了自己的人脉网。后来，他创办了自己的信封公司，以前的人脉网便成了他成就事业的关键。他在创办自己的信封公司之后，需要高水准的建议，但在他以前工作中建立起来的人脉网中，还没有高水准建议的提供者。这就要求他扩展自己的人脉网。

麦凯自己是一个一流的推销员，但他对如何组织生产却基本上不懂。他就请自己人脉网中的成员为自己推荐一家顾问公司。大部分网络成员都推荐了史宾塞塔克公司。

30年后，麦凯信封公司仍然采用“史宾塞塔克”提供的那套成本系统。自从安装至今，这套系统每年都赚进不少钱。这家顾问公司现在已与超过75家信封制造商合作，而且在麦凯看来，它已成为这一行的佼佼者。在这家公司的帮助下，麦凯信封公司成了全美著名的信封公司。

麦凯自己的人脉网无法提供他所需要的技术性答案。但请到了最好的专家，同样得到了最好的答案。

也许你需要人帮你规划你的事业，或你想投身的行业，或寻找办公楼或厂房、提供投资建言、提升你的专业技术。如果能够从人脉网中免费获得当然很好，但有些时候可能做不到。在生涯规划的每一个阶段，最好尽可能寻求最好的建议。这一切，都需要你着手去编织良好的人脉网。

“你就必须让他超越你才是。”这一句话，说穿了人际交往中人们隐蔽而实在的心理。

第四章

好人脉好办事

办事要看性格

人的性格是各种各样的，不同的性格所表现出来的做人、处世方法也是千差万别的。这为我们求人办事增加了一定的难度，也提供了打开突破口的机遇。如果充分了解到所求者的性格特征，找他办事就可以对症下药、投其所好、赢得合作，达到自己的目的。

世上没有两片完全相同的叶子，也不会有两种完全相同的人。人的性格各种各样，相同的性格又有不同的个性侧面，每一种个性在不同人的身上又反映不同，从而形成独特的“这一个”。

一个人的性格特征，有时可以从他的言谈举止和表情等方面流露出来。那些快言快语、举止简捷、眼神锋利、情绪易冲动的人，一般都是性格急躁的人；那些直率热情、活泼好动、反应迅速、喜欢交往的人，一般都是性格开朗的人；那些安静、抑郁、不苟言笑、喜欢独处、不善交往的人，一般都是性格孤僻的人；那些表情细腻、眼神稳定、说话慢条斯理、举止注意分寸的人，一般都是性格稳重的人；那些口出狂言、自吹自擂、好为人师的人，一般都是骄傲自负的人；那些懂礼貌、讲信义、实事求是、心平气和、尊重别人的人，一般都是谦虚谨慎的人……对于这些不同的合作对象，一定要具体分析，说话、办事时因人而异。

公元383年前，前秦统一了黄河流域地区，势力强大。前秦王苻坚坐镇项城，调集九十万大军，打算一举歼灭东晋。他率军抵达淝水一线，见东晋阵势严整，立即命令坚守河岸，等待后续部队。东晋大将谢石看到敌众我寡，只能速战速决。于是，他决定用激将法激怒骄狂的苻坚。他派人送去一封信，说道：我要与你决一雌雄，如果你不敢决战，还是趁早投降为好；如果你有胆量与我决战，你就暂退一箭之地，让我渡河与你比个输赢。苻坚阅信大怒，决定暂退一箭之地，等东晋部队渡到河中间，再回兵攻击，将晋兵全歼水中。他哪里料到此时秦军士气低落，撤军令下，顿时大乱。秦军争先恐后，人马冲撞，乱成一团，指挥已经失灵，苻坚几次下令停止退却，但如潮水般撤退的人马已成溃败之势。这时谢石指挥东晋兵马迅速渡河，乘敌人大乱，奋力追杀。前秦先锋苻融被东晋军在乱军中杀死，苻坚也中箭受伤，慌忙逃回洛阳，前秦大败。

这就是历史上著名的淝水之战。东晋抓住苻坚狂傲自大的性格，用激将法让其就范，然后抓住战机，乘虚而入，一举击溃了前秦大军。这种方法用在三国的张飞等人身上，同样会奏效，如果换了司马懿，就难以如愿了。

三国时，诸葛亮亲自率领一支军队占领了五丈原。魏将司马懿大喜："我早料到诸葛亮用兵谨慎，会以五丈原为依托，稳扎稳打。眼下我军只要坚守，疲劳蜀军，拖延时间，蜀军必败。”司马懿在渭南寨内坚守不出，任诸葛亮多次挑战，全不理会。

一日，诸葛亮派使者送了一只装满女人衣物的大盒到司马懿账前，道：“将军甘心窟守士巢，和女人的行为又有什么两样？”司马懿大怒，正待发作，转念一想：这岂不是诸葛亮的激将法吗？立即压下怒气，欣然接受了东西。

魏军将领听说诸葛亮送来女人衣物以示侮辱，个个摩拳擦掌，十分愤怒，向司马懿请战，司马懿说：“天子命我坚守不出，如果诸位定要出兵，待我上奏。”

诸葛亮闻讯长叹一声，道：“这是司马懿故意拖延时间，疲劳我军啊。”魏、蜀两军相持百余日，仍难分胜负。

这次，诸葛亮之所以用计失灵，是因为他忽视了司马懿小心谨慎的性格特点。而在“空城计”那个故事中，正是司马懿的小心谨慎成全了他。

因此，我们在求人办事时，一定要充分了解对方的性格，针对他们的个性特点知道自己哪些话该说，哪些话不该说；哪些话可以直说，哪些话必须委婉地说。

战国时的纵横家鬼谷子在总结与各类人交谈的方法时指出：“与智者言依于博，与博者言依于辩，与辩者言依于事，与贵者言依于势，与富者言依于豪，与贫者言依于利，与战者言依于谦，与勇者言依于敢，与愚者言依于锐。”我们在求人办事时，一定要对所求者的情况做客观的了解，通过知彼知己采取不同的谈话方式。

例如：那些知识高深的人，对知识性的东西抱有极大的兴趣，不屑听肤浅、通俗的话，同他们讲话应充分显示自己的博学多才，多做抽象推理，这样才能赢得对方的共鸣。

对文化低浅的人，由于他们听不懂高深的理论，应多讲些浅显易懂的事例，以及与他们的生活有关的知识，这样能够引出他们的共同话题。否则，难以与他们沟通。

对刚愎自用的人，不宜循循善诱，最好像对待苻坚一样，采取激将法。

对脾气急躁的人，同他们说话要迎合他们的性格，也采取直截了当的方法，不宜婆婆妈妈地长篇大论。

对头脑固执的人，如果硬攻，容易形成僵局，最好是从对方最感兴趣的点入手，多交流，多论证，以图对方转变。

另外，从语言上了解对方，是取得成功的关键。我们可以从言谈的微妙之处观察对方的性格特征和内心活动。一般来说，性格刚强自信的人，很少使用“那个……”“嗯……”“这个……”这类的口头禅。反之，小心谨慎、神经质的人常用这类语汇。在谈话中常说“果然”的人，往往自以为是、强调个人主张、倔强、自负。经常使用“最后怎么怎么”一类词汇的人，大多是潜在的欲望未能满足。这些都可以细心揣摩、掌握。

办事要掌握分寸

办事一定要讲分寸，要把握事情的分量，把握进退的尺度，掌握处理事情的火候，哪些先办，哪些后办；哪些该办，哪些不该办；哪些可以大操大办，哪些不能大操大办……掌握了办事的分寸，也就掌握了办事的利害关系。

办一件事，不是说办就办、想怎么办就怎么办的。要全盘考虑，要了解前因后果，也要区别各种利害。例如：是否涉及他人的利益？是否对自己有负面影响？在处理事情的过程中，必须立足于处理、协调各种利害关系，既争取了自己的利益、也不伤害他人的原则，把事情办得圆圆满满。

所以，办事一定要有分寸。

有些事情能办，但有些事是不能办的。一旦办了，于法不容，于理不容，于情不容，于己不利。其结果：或使自己名誉扫地，或使自己蒙受经济损失，或使自己的身份和地位遭受损害。

杨震是东汉人，为官公正廉洁。他任荆州刺史时发现王密才华出众，便向朝廷举荐王密为昌邑县令。后来他调任东莱太守，途经王密任县令的昌邑时，王密亲赴郊外迎接恩师。晚上，王密前去拜会杨震，俩人聊得非常高兴，不知不觉已是深夜。王密准备起身告辞，突然他从怀中捧出黄金，放在桌上，说道："恩师难得光临，我准备了一点小礼，以报栽培之恩。"杨震说："以前正因为我了解你的真才实学，所以才举你为孝廉，希望你做一个廉洁奉公的好官。可你这样做，岂不是违背我的初衷和对你的厚望？你对我最好的回报是为国效力，而不是送给我个人什么东西。"可是王密还坚持说："三更半夜，不会有人知道的，请收下吧！"杨震立刻变得非常严肃，声色俱厉地说："你这是什么话？天知，地知，我知，你知！你怎么可以说没有人知道呢？没有别人在，难道你我的良心就不在了吗？"王密顿时满脸通红，赶紧像贼一样溜走了，消失在沉沉的夜幕中。

杨震该办的事一定要办，不该收的礼坚决不收，这既体现了他的任人唯才、光明磊落，也体现了他的公正无私、廉洁奉公，堪称千古楷模。

所以，当有人违背你的人格信仰而托你办事时，你千万不能图一时之利而放松自己的操守，不负责地答应他、纵容他，一定要慎重考虑、权衡得失。如果你同一些不法之徒合作，干一些违法乱纪的事，必将法理不容，所以必须断然拒绝那些人的无理要求。

办事不仅要掌握进退的尺度，也要把握事情的分量，也就是说：什么事先办、什么事后办，哪重要、哪不重要，都要有一个明确的认识。事情有大有小、有轻有重，是放弃西瓜拣芝麻，还是丢弃芝麻留西瓜，都要在心里掂量掂量。这样，掌握了舍小取大、取重弃轻的原则，就可以舍小利而赢大利。

远古时，大禹为了治水，到了30岁还没有结婚，后来和一个叫女娇的姑娘结婚了，婚后刚4天的他就告别新婚的妻子，忙于治水去了。

以后的13年中，他三过家门而不入。第一次经过家门口，他听到自己新生的儿子正在呱呱啼哭，妻子由于生产的痛苦也在呻吟，他的助手都劝他进去看看。大禹也多想进去看一眼啊，可是他有要紧的事要办，怕耽误工作，硬是没有进去。

第二次经过家门时，大禹的儿子已经能叫爸爸了。小家伙在妈妈怀里使劲叫着爸爸，大禹只是深情地向妻儿挥挥手就过去了。

第三次，大禹经过家门时，儿子已经10多岁，他跑过去要把爸爸往家里拉，大禹抚摸着儿子的头，叫儿子转告妈妈，等治好水后再团圆，又匆匆地离开。

13年后，大禹历经千难万险，开沟修渠，终于战胜了洪水的灾害，促进了农业发展，使百姓能安居乐业。大禹因为治水有功，被舜立为君位的继承人，成了夏朝的第一个君主，所以历史上称他为夏禹。

大禹之所以成为“大禹”被千古传颂，就在于他能舍小家而为大家，对事情的轻重大小掂得很清楚。

此外，还要注意以下几个方面：

1. 办事要把握处理的火候

事情都有轻重缓急之分。有的事情发生之后，必须马上处理，延误了时间就可能与预期的目标相悖离，或是财产损失更大，或是身家性命更危。但有些人际关系的问题发生时，如果立即解决可能会火上加油、适得其反，而让当事人冷静下来、恢复理智后再处理，就可以大事化小、小事化了。所谓“事缓则圆”就是这个道理。

2. 力不从心的事不能办

如果上级委托你办事，你就要认真考虑自己办这件事是否能胜任。可是，由于是上级的安排，往往你不能拒绝，只好硬着头皮答应下来，这并不是一个好办法。因为，如果你无法做到，或把事情办砸了，上级只会以失败的结果来评价你，以后你的处境会更糟。所以，办事要量体裁衣，对难以办到的事要鼓足勇气说清楚。

3. 没有把握的事不能办

有时，对别人提出的请求，我们也没有把握是否做得到。这时就要具体问题具体分析，认真评估自己的能力，千万不要过于自信，更不可吹牛、乱许愿。否则，虽然平时双方关系很密切，可一旦把事情办砸了，不仅起不到增进友谊的作用，反倒把人得罪了。

4. 不该管的闲事儿不能管

好管闲事儿不是好习惯，有的闲事儿该管，有的不该管，这里就有一个分寸和尺度。不该管的闲事儿你管了，不仅把人得罪了，还起不到好的作用；该管的闲事儿，就要勇敢去作为。关键是，心里要有一杆秤，要有一个是非标准和基本原则，切不可凭着自己的感情和意气用事。

与人相处因人而异

为什么有的人好打交道，有的人不好打交道？不好打交道的人，多是性情与众不同的人。有的人阴沉冷淡，有的人两面三刀，有的人沉默寡言，有的人傲慢无礼……要生存于世，就要学会与不同性情的人打交道，在各类人中巧妙周旋，达到自己的办事目的。

办事时，要学会“看人下菜”，就是根据合作者的性情特点，有针对性地使出自己的手段。生活中难免有各种各样性格的人，同他们打交道，如果不注意方式、不对症下药：或投其所好，或旁敲侧击，或委婉，或直率……就不能达到目的，轻者不欢而散，重者吃大亏。因此，要成功办事，就不能忽略这一点。

1. 两面三刀的人

有的人当面奉承你，转过身去却嗤之以鼻；当面喊“朋友”，背后骂“孙子”；为了取得你的喝彩，事先就送上一两下掌声；为了取得你的“庇护”，成天低声下气地围着你打转；对你心怀不满，但当面总是笑脸，背后却到处搬弄是非……

这就是所谓爱耍阴阳脸的人。他们圆滑世故、八面玲珑，爱耍手腕，甚至是吹吹拍拍、阳奉阴违，有事没事就放两支冷箭。与这样的人打交道，若处理不好，就会吃大亏。

与这样的人办事，要谨防被他的别有用心利用。在与之办事的过程中，尽量不要去伤害他的自尊心，不损害他费尽心机保护着的那个“面具”上的自己，以不得罪他为原则；在正当的利益上，也要尽量满足他，使他的自尊心和荣誉感逐步地有所体现，以促使他良心发现、良知产生。这样就可以达到为我所用的目的。

2. 争强逞能的人

这类人十分狂傲，自我表现欲非常强烈，总是力求证明自己比别人强、比别人正确。一旦遇上了对手，就千方百计地挤对人、打击人，力求在各方面都占上风。

对于这类人，人们一般秉承“让”的原则，顾全大局，不与他计较。适度的让是应该的，但让步太多，反而助长了这类人的傲气，自以为真的了不起，进而更加看不起他人。对于这类人，最好的办法就是要让他知道“天外有天、人外有人”，知道别人比他强，这样才能让他收敛自己的傲气。

但是，许多年轻人爱犯这种毛病，是由于阅历有限、不谙世故。对于他们，最好的办法应该是下面的引导和点拨，开拓其眼界，增长其见识。这类人一旦成熟，就会改变狂傲的态度，虚心同人交往。

3. 脾气暴躁的人

这类人爱冲动、行动快速、说干就干、雷厉风行。他们做事欠思量，思想也比较简单，容易感情用事，一旦别人稍有得罪，便怒不可遏，甚至动粗。因此，许多人在与他们打交道时非常慎重。

脾气暴躁的人虽然容易伤害人，甚至蛮不讲理，但他们的优点也是明显的。首先，他们常常比较直率，肚子里有什么就说什么，不会拐弯抹角，不会暗箭伤人。与这类人打交道，相比之下，还是比较容易的。其次，他们比较重义气、讲感情，只要你平时对他好，他会视你为朋友，会加倍报答你。和他们交往，不必客套，也不必讲大道理，只要以诚相待就行了。另外，这种人还喜欢听奉承话和好话，与其交往或办事，宜采取正面的方式，直言相告，这样取得的效果更好。

4. 自私自利的人

有些人私心较重，心里只装着自己，从不考虑别人。因而在生活中受到人们的鄙视，不愿与其事。但是，自私自利的人虽然只考虑个人得失，但也往往因此忘我地工作。对这种人，我们不必有太高的期望，也没有必要希望他们能够像朋友那样以义为重、以情为重。抛开道德的要求，如果从利字上利用他们，往往能够达到目的。

另外，这种人常常精打细算。如果我们通过适当的方式将他们这种特点加以升华，运用到某些适当的地方，也可以发挥其优势。例如安排他们做一些财务工作，在有严格约束的情况下，他们往往会成为集体的“守财奴”。

5. 自视清高的人

有些人自视清高、目中无人，处处表现出“唯我独尊”“唯我独醒”的样子。如果我们不得不与这类傲慢无私的人打交道，就要寻找适当的对策。

最好的方法是尽可能减少与他的交往时间，在能够充分表达自己的意见和态度或某些要求的情况下，尽量减少他能够表现自己傲慢无礼的机会。这样，对方往往也会由于缺少这样的机会而不得不认真思考你提出的问题。

同这类人交往时，语言要简洁明了，让对方感到你是一个很干脆的人，是一个很少有讨价还价余地的人，从而使他的傲慢态度受到抑制。

切记，对待这类人切勿以牙还牙、用怠慢的态度回击他。这样的结果，不光不能有效地约束他的傲慢态度，反而会切断了与他交往的途径。

6. 冷若冰霜的人

这类人整天冷着面孔，对他人的寒暄和打招呼爱理不理，不会做出他人期待的反应。跟这类人打交道，确实感到很别扭。但出于工作和办事的目的，我们又不得不与他打交道，该怎么办呢？

其实，具有这种态度的人，多是由于性格造成的。所以，我们大可不必把这种态度视为障碍。最好的办法就是不理睬、不计较。如果抱着斤斤计较的思想，往往会把事情办砸。

应该知道，性情冷若冰霜的人，虽然兴趣和爱好较少，也不太爱与人沟通，但他们还是有自己的追求和关心的事，只是别人不了解罢了。所以，与他们打交道，应该多花些工夫，仔细观察，注意他的一举一动，从他的言行中寻找出他真正关心的事情。一旦你触及他所关心的话题，对方就可能会马上改变态度，对你表现出相当的热情。

7. 寡言少语的人

这类人一般不仅沉默寡言，性格也较倔，使人感到很压抑。为了打破僵局，有人故意找话茬子，想引出谈话的气氛。其实这是不必要的。因为寡言少语的人往往是因为有某种心事而不愿多言。在这种情况下，你应该尊重对方，不要破坏对方的心境，让其保持一种内心选择的存在方式。

同这种人办事，要想开他的金口，就要从他的兴趣入手。当你以他的兴趣作为交谈话题时，就能敏感地触动他心灵的“热点”，继而同你热情起来。

送礼是一门艺术

有人鄙视请客送礼，认为这是走后门、搞不正之风。其实，送礼很符合中国的传统礼仪文化，即使不是搞违法乱纪，办事也离不开送礼。这是高效办事的手段之一。要办一件事，哪怕是一件很正常的事，送礼与不送礼，其结果将大不相同。

请人办事需要送礼，这是生活中的一大难题，也是一大困惑，此风从古到今延续数千年，时至今日不仅没有销声匿迹，反而愈演愈烈。解决这个问题，既有待于干部素质的提高、社会风气的净化，也有待于法制的健全。

但是，现在是商品社会，利和礼是相关的，有礼才有利，这已经成了商务交际中的一条规则。人们讲究礼尚往来，请人办事更是离不开。礼物是一种友情的表示，中国早就有投之以桃、报之以李的习俗。

逢年过节，人们都会提前给亲人、朋友、同学、同事、领导以及他人送礼表示心意，同时也是一种礼节。如果送礼不得当，反而令对方哭笑不得。某公司总经理王先生就遇到这样的情况。王先生因公出差，回国前，一位长年移居国外的老朋友送来了一口非常珍贵的大号金鱼缸。他这时才想起，自己无意间对朋友说自己喜欢养金鱼。这位朋友也就不惜重金送来了这口鱼缸。在朋友放下礼物走后，他对着这口大缸，差点就晕过去。订好机票可以轻松地回国了，又来一个庞然大物，到底怎么运回去呢？如果现在转送给一同来的朋友，他又不忍心把自己的不便再转加给别人。就这样，朋友的深情，此刻却变成了头痛的事。

可见，送礼是一门艺术。送礼送得恰当的话，会收到非常好的成效，它不仅让受礼人接受得轻松、愉快，而且送礼者自己也会很开心。

送礼是要讲究原则的，要考虑对方的文化、爱好、身份等因素，也考虑送礼的时间、地点、场合等因素。

一要精心挑选礼物。赠送礼品的目的在于让对方惊喜、称赞。礼品是感情的一个载体，任何礼品都表示送礼人特有的心意，或酬谢，或求人办事，或联络感情。所以，对于礼的选择，也应符合这一规范要求，要针对不同的受礼者的不同条件区别对待。你选择的礼品必须与你的心意相符，使受礼者觉得你的礼品非同寻常，备感珍贵。一般说来，对家贫者，以实惠为佳；对富裕者，以精巧为佳；对恋人、爱人、情人，以纪念性为佳；对朋友，以趣味性为佳；对老人，以实用为佳；对孩子，以启智新颖为佳；对外宾，以特色为佳。还要记住一点：礼物的好坏不是用金钱来衡量的，好礼物未必是价值不菲的，关键是想到一种既经济又能够传递情感的礼品。而最好的礼品是要根据对方的兴趣爱好而选择的富有意义的、耐人寻味而又品质不凡的一种礼品。

二要注意送礼的时间、地点和场合，这样才能使人接受。送礼的场合是可以随机应变的。有很多人特别喜欢选择在晚上到对方家里，但这未必是最好的拜访时机，晚上很可能对方不在家，送去了礼物却未见到要见的人，真的是很遗憾。有时在家，但又有客人，带着礼物也不如你所愿。最好的时间就是在对方上班还没动身之前，这样既没有旁人的打扰，要办的事也就可以办了。

三要想好送礼的理由。没有由头的送礼，别人如果碍于面子，爱于外界的谈论而推脱，这时就更加麻烦了。但有了理由就好办了，比如说在对方生病、生日、子女考上好的学校等这样特别的日子，就是送礼的最好时机。因事出有因，名正言顺，所以对方比较容易接受，在谢你的同时，也不会有太多的顾虑。如果有孩子在旁的话，你可以把礼物推到孩子身上，借口给孩子买的；也可以推到不在身边的爱人身上，说："找您办事用不着拿这些东西，但我爱人说啥也不听，非让我拿着不可。拿也拿来了，再拿回去，她又说我不会办事，没法交代。"或者说："这东西是我朋友买的，我也没花钱，把事给他办了，咱也不用太跟他客气。"这样的理由既可以让对方接受礼物，也不失你的形象。

四要选择恰当的机会。生日是最好的时机，平时不妨把上司、同事、下属和亲朋好友的生日记下来，并在家里的挂历上用红笔画个圈、做上记号。等到这一天来临，你可以送上一份特别的礼物，或举办一次生日宴会。亲朋好友、上司或下属的孩子有婚嫁、添丁之喜，也可及时送上自己的礼品。再者，如果亲朋好友因病休假在家，就应抽空带上礼物去看望，时间越早越好，切勿耽误。

有时候，礼物能不能送出去，也是很令人头痛的事情，对方不愿接受或严词拒绝，或婉言推却，或事后送回。这样的话，对送者来说十分尴尬，还弄得个钱花了，事没办成。所以，只有巧妙掌握送礼的技巧，才能在整个送礼过程中画上一个圆满的句号。

1. 借花献佛

假如你送一些土特产品的话，可说是老家来人捎来的，分一些给对方尝尝鲜，东西不多，请他收下。一般来说受礼者那种因盛情无法回报的拒礼心态可望缓和，会收下你的礼物的。

2. 暗度陈仓

如果你送的是酒一类的东西，可以说是别人送你两瓶酒，来和对方对饮共酌，请他准备点菜。喝一瓶送一瓶，关系也近了，礼也送了，还不露痕迹。

3. 好风凭力

有时你想送礼给人，而你与对方却又八竿子拉不上关系，不好直接去送。此时，你不妨选择对方生日、婚庆，邀上几位熟人一同去送礼祝贺，一般受礼者便不好拒绝了，当事后知道这个好意是你出的时，必然会改变对你的看法。

4. 移花接木

老张有事要托小刘去办，想送点礼物来疏通一下，可是又怕小刘拒绝驳了自己的面子。老张的爱人与小刘的对象很熟，老张便想起了让夫人做外交，让爱人带着礼物去拜访，事办成了。看来，有时直接出击不如迂回运动可收奇效。

5. 借路搭桥

有时，送人情也是一种送礼的方法。你能通过一些关系买到某些优惠品，不妨替你的朋友、同事代买，当他们买了这些优惠品时，已将人情当作礼物收下了。你分文未花，只不过利用自己的关系，却达到了某种目的。

6. 以“借”代送

如果你要送礼的对象是家庭困难者，但有时候他们的自尊心很强，轻易不肯接受济助。你若送的是物，不妨说这东西搁家撂着也是闲着，让他拿去先用着，日后买了再还回；如果送的是钱，可以说拿些先花，以后有了再还。受礼者会觉得你不是在施舍，日后又还，会乐于接受的。这样你送礼的目的就会达到了。

7. 锦上添花

一个人想请老师办事，想送礼又苦于没有机会。一天，他偶然发现老师红木镜框中镶着的字画竟是一幅拓片，跟屋里雅致的陈设不太协调。正好，他的叔父是位在全国小有名气的书法家，手头正有他赠的字画。于是，他马上把字画拿来，主动放到境框里。老师不但没反对，而且喜爱非常。

巧妙利用“第三者”

求人办事，如果能开“直通车”，直接与对方交锋，顺利达到自己的目的，那是再好不过的事。然而，生活中常常出现这样的情况：对方根本不买你的账。在这种情况下，就要动脑子、转弯子，可以利用与对方有密切关系的第三者，以婉转达到自己的目的。

高效办事，最好对关键人物下功夫，只要这个关键人物开了绿灯，赞同或协助，问题往往迎刃而解。如果找不到这位关键人物，也可以找到这个关键人物身边的“第三者”，从他们身上下功夫。

千万不能小看这“第三者”，有时候即使关键人物或具体办事人员同意解决某问题，也会由于“第三者”从中作梗而搁置下来。因此，你切不可因他无权无职就可以随便应付，否则你的好事儿就可能坏在他的手上。例如：某公司总经理已同意给单位发放一定的资金，这事转到财务室时，由于主管会计对该单位心有不满，便迟迟不予办理，不是借口转账困难，就是借口银行设卡，结果一拖再拖……

所以，我们切不可小看身边老态龙钟的老太太，玩弹珠打水枪的“小皇帝”，或风韵犹存的半老徐娘……这些人不显山不露水，但却可能是你求人办事的绊脚石。聪明的人，都善于利用这些“第三者”，通过他们打通关节、为我办事。

中国自古是男权社会，但女人却在男人身边发挥不小的影响，左右着男人的处世态度和方式。聪明人往往利用关键人物的配偶行事，达到事半功倍的目的。

刘邦率军与匈奴交战，因为求胜心切，不慎误中匈奴埋伏，被迫困守在白登山。此时，后续部队被分头阻挡在各要路口，无法救驾，形势相当危急，把刘邦急得像热锅上的蚂蚁，坐卧不安。

随从谋士陈平也一直在思考脱险之方。这日，他登高观察敌情，看见敌军中一男一女正在指挥匈奴兵。经了解，知道他们是匈奴王冒顿单于和他的夫人阏氏。于是他灵机一动，想出一条妙计，立即回营同刘邦商量。

接着，陈平派一使者带着金银财宝和一幅图画前去秘见阏氏。使者高价买通了阏氏帐下的小番，得以获得进见的机会。见到阏氏后，使者指着礼物说：“这些珠宝都是大汉皇帝送给您的，大汉皇帝想与贵国和好，所以送来了礼物，请务必与匈奴王疏通疏通。”阏氏的心被这份厚礼打动了，全部收了下来。

这时，使者又献上图画，打开一看，原来上面画的是一个绝色无比的美女。使者说：“我大汉皇帝怕匈奴王不答应讲和，特又准备把中原头号美人献给他。这就是她的画像，请您过目。”

阏氏接过图画一看，图上的美女长得像天仙一样，顿时暗想：丈夫如果得到如此绝色的中原美女，哪还愿把我放在眼里。于是她摇摇头，道：“这个就不必了，拿回去吧！我让单于退兵就是了。”

使者卷好图画，告辞了。

阏氏送走汉军使者后，去见匈奴王，说：“听说汉军的援军快打过来了，这里的汉军久攻不下，等他们的援军一来，我们就被动了。不如答应他们的要求，乘机多索些财物就是了。”

匈奴王听了夫人的话，经过反复思考，同意了刘邦的要求，双方搭成了停战协议。

除了关键人物的配偶可以巧妙利用外，他们的“小皇帝”“小公主”也可以加以利用，以达到办事的目的。儿女都是父母的心头肉，给孩子献殷勤、送好处，做父母的岂能无动于衷？加上得到好处的孩子从中说情，一些看似难办的事，亦可迎刃而解。

二战时，罗威在美国经营一家影片进出口公司，手下一名叫罗弗斯的电话专家脾气暴躁，动不动和别人争吵，连罗威也不例外。

这天，为了某一件事，罗弗斯同研制组的另一名助手争执不下。他大动肝火，又拍桌子又骂人。罗威过去劝阻也被罗弗斯大骂了一顿。正在他们闹得不可开交时，罗弗斯的小女儿走进了实验室。小女儿看见她爸爸那副怒发冲冠的样子，吓得哭了起来。罗弗斯见状，连忙停止吵架，跑过去赔着笑脸哄女儿玩。

罗威看到眼里，忽然心头一亮。他知道，要使罗弗斯改变脾气，安安心心地为公司做事，或许可以从他女儿身上找到机会。因为他对谁都不顺眼，唯有对女儿百依百顺。于是，罗威就开始谋划起来。

为了使罗弗斯过着充实的精神生活，罗威立即在公司跟前不远的地方为他租了一套非常不错的房子，好让他们父女能够生活在一起。罗弗斯知道公司的资金比较紧张，心里很是过意不去，不愿入住。

罗威说："搬不搬家，恐怕由不得你。"

"什么？"罗弗斯提高嗓门喊，"你还要强迫我入住不成？"

"我当然不敢逼你，可你的千金安娜已经替你做主了。"罗威说："她说你的心情不好，爱发脾气，会伤害身体的。如果她能在附近照顾你，你就不会发脾气了。所以，我只好按安娜的意思办了。"

听完这番话，罗弗斯眼里充满了泪水，他最终顺从了罗威的安排，搬进了新居。罗弗斯非常感激罗威对自己的关照，从此更加用心为公司做事。

所以，巧妙地利用"第三者"办事，有时确实起到无可替代的作用。巧妙利用"第三者"，重要的是要投其所好，殷勤献到"痒"处，这样才可能影响到"关键人物"。

欲擒故纵

有时，求人办事之所以难，是因为一旦把事办成了，获利的是你，而对方并没有从中获得多大利益，因而缺少积极性。考虑到这一点，不妨给对方一定的甜头，让他成为办事的受益者，或许就容易得多。这也是“欲取之、先予之”的办事策略。

“欲取之、先予之”的办事原则是：先把自己的目的隐藏起来，不予明确；再投其所好，给点甜头，让他钻进自己的“套子”；最后再抖出“包袱”，亮明目的。此时，对方已无回绝的理由，只好乖乖就范。

1. 投其所好

俗话说：“吃人家的嘴短，拿人家的手短。”一个人一旦拿了他人的好处，占了他人的便宜，就不好意思拒绝他人的合理要求。这里有个“人情”和“面子”的问题。聪明人知道天上不会掉馅饼，往往爱使这种手段。事后，你说人家中了“糖衣炮弹”也好，“上了贼当”也好，反正你的事最终是办成了。

有位大财主新盖了一幢住宅，里面豪华气派，就是缺少了点斯文气。有人向他建议：何不把当下的大画家郑板桥的字画弄一幅，往客厅上一挂，岂不“风雅”吗？大财主一听，拍手称妙，即刻去请郑板桥。

不料，郑板桥恃才傲物，鄙视权贵，一些达官显贵想索求他的字画连门儿都没有，哪怕推着金山银山来也被拒之门外。这位大财主也不例外，拎着钱箱跑到郑府，名片递过去了，就是听不到“请”字，理由不是先生外出，就是不舒服，一连碰了好几个钉子。

大财主不死心，派手下四处打听郑板桥的生活习惯和各种爱好。

这天，郑板桥出来散步，忽然听见远处传来悠扬的琴声，曲子甚雅，不觉感到好奇，这附近没有听说有什么人会奏琴呀？于是，循声而去，发现琴声出自一座宅院，院门虚掩。郑板桥推门而入，眼前的情景让他大感惊讶：庭院内修竹叠翠、奇石林立，竹林内一位老者鹤发童颜、银髫飘逸，正在拂琴而鸣。

老者见到他，立即戛然而止。郑板桥见自己坏了老人的兴致，不好意思起来。老者却不介意，热情请他入座，两人谈诗论琴，颇为投缘。

谈兴正浓时，突然从厨房里传来一股浓烈的狗肉香味，郑板桥吸溜着鼻子，口水悄悄流了下来。这时，只见一个仆人提着一壶老酒，端来一盆狗肉送到他们面前。郑板桥一向嗜食狗肉，听到老者一声“请”字，连客套都忘了，忙迫不及待地吃喝起来。

风卷残云之后，郑桥板这才意识到，连人家尊姓大名还不知道呢，就糊里糊涂地乱吃一气，现今酒足饭饱，总不能一抹嘴巴就走吧。然而，怎么答谢人家呢？留点银子吧，又太俗，对方也未必肯要。于是，他对老者说：“承蒙款待，我无以回报，请找来纸笔，我胡乱涂点东西，算作纪念吧。”

老者似乎有点不好意思，说：“区区一顿酒饭，算不了什么，何必在意呢？”

郑板桥以为对方不稀罕，便说：“不是吹牛，我的字画还是可以换些银两的。”

老者这才拿出纸和笔砚。郑板桥画完，又问老者姓名。老者报了一个，郑板桥觉得耳熟，但又想不起是怎么回事，还是在落款处写上了“敬赠×××”。看到老者非常满意，这才告辞而去。

这位老者不是别人，正是那位大财主所扮。第二天，他便把这幅画裱好后挂在了新宅的客厅，引起人们的一阵喝彩之声。

2. 以退为进

请别人办事，重要的还是要靠口头功夫。会办事的人，未必是能说会道的人，而是善于说话、懂得劝说技巧的人。

如何劝说别人按自己的意愿行事，这是一件很不容易的事。古今例证说明，采取“以退为进”的方式会起到很好的作用。

春秋时，赵国的赵太后刚一执政就遭到秦国的猛攻，只好向齐国求救。齐国愿意援助，但要求赵国把长安君送来做人质。赵太后心疼儿子，怕有个闪失，不肯答应。大臣们极力劝谏她以国家安危为重，答应齐国的要求，而太后却很生气地说：“有谁敢再说让长安君去做人质，我一定唾他一脸！”

眼看国家处在生死存亡的关头，左师触龙挺身而出，愿意去说服太后。去时，太后仍然怒气冲冲地。触龙一见，做出快步走的姿势，却慢慢地挪动着脚步，到了太后面前谢罪说：“老臣脚有毛病，行动不便，很久没来看您了。我总担心太后的贵体有什么不舒适，今天特来看望您。”太后说：“我也行走不便，全靠坐车走动。”触龙问：“您每天的饮食该不会减少吧？”太后说：“吃点稀粥罢了。”触龙说：“我近来很不想吃东西，自己却勉强走走，每天走上三四里，就慢慢地稍微增加点食欲，身上也比较舒适了。”太后说：“我做不到。”

这时，太后的怒色稍微消解了些。

触龙又说："我那贱子舒祺，排行最小，不成器。而我总还是疼爱他。希望能让他在黑衣侍卫队伍里凑个数，为保卫王宫出点力，我今天特意来把这个请求禀告太后。"太后说："行，我答应您。他年纪多大了？"回答说："十五岁了。虽然他年纪还小，但我希望趁自己还没死就把他托付给您。"太后不解地问："男人家也疼爱自己的小儿子吗？"触龙回答说："并不比女人差。"太后笑道："一般来说，妇道人家最疼爱自己的小儿子。"触龙说道："我私下认为您老人家对女儿燕后的爱，胜过对小儿子长安君的爱。"太后道："您错了！我对燕后远不如对长安君那般疼爱。"触龙说："父母爱子女，就要为他们考虑得深远一点。老太后送燕后出嫁的时候，抱着她的脚哭泣，是想到她就要远去，也是够伤心的了。送走燕后以后，您并不是不想念她，每逢祭祀，您都为她祈祷。您难道不是从长远考虑，希望她有了子孙可以在燕国代代为王吗？"太后说："是这样。"

触龙说："现在，您把长安君的地位提得很高，又封给他肥沃的土地，给他很多珍宝，而不趁现在这个时机让他为国立功，一旦您百年之后，长安君凭什么在赵国站住脚呢？我觉得您为长安君打算得太短了，因此我认为您疼爱他不如疼爱燕后。"太后一听，若有所思，慢慢说："好吧，就听凭您的意思安排他。"于是为长安君备好了一百乘车马，到齐国作人质，齐国就出兵了。

在这个故事里，触龙的说话方式就是"以退为进"。他知道太后已对送人质一事产生抵触情绪，还处在愤怒当中，不管是谁，如果直接提出这个问题，必然像太后所说的那样，被吐一脸唾沫。而触龙深谙说话的技巧，他先和太后拉拉家常，缓解她的情绪，让她的心理防线松懈。然后，借助太后的女儿作比方，引出长安君，指出太后娇惯小儿子，实际上是害了儿子。这样，终于说服赵太后，圆满地达到了自己的目的。

唤起对方的同情心

求人办事，有时对方推却不办，并不是不想办，而是有实际困难，或心有所疑。在这种情况下，争取对方的同情和理解是非常必要的。人是一个具有恻隐之心的动物，一旦被勾起了同情心，就会怜悯你、理解你，进而伸出他们的手来。

西班牙内战时，一个军官被俘。在即将被处死的前夜，他想了许多，他想起了自己的家乡和亲人，一股求生的欲望充斥了全身。他想：此时此刻，能救他出去的恐怕只有看守了。于是，他掏出仅有的半截香烟，向看守讨火。在他再三请求之下，看守总算毫无表情地掏出火柴，划着了火。当四目相对时，这位军官向士兵送上了一丝亲切的微笑。

那士兵在几秒钟的发愣后，嘴角也不太自然地向上翘了，最后竟也露出了微笑。后来两人开始交谈，谈到了各自的故乡，各自的妻子……最后，那士兵竟然真的动了感情，并悄悄放了他。

可见，同情心是可以争取的。在我们的生活中，那些已经成名的歌手，他们常常在舞台上含着热泪诉说着他们过去的艰苦生活。诸如自幼丧父、生活艰苦或者是到处漂泊，还要赡养生病的母亲等等不幸的经历。他们的这种诉说常常能博得人们的同情，能牢牢地抓住别人的心，让别人为他的成名成家在感情上加分。

用自己的经历和身世寻求同情和理解，能在感情上引起别人的共鸣。有了这一点，求人办事就顺利得多。

1. 博取同情和慈悲

求人办事，获取所求之人的同情和怜悯非常重要。一旦对方起了同情心，心理防线就不攻自破，就可能考虑你提出的要求，进而出手相助。

人非草木，孰能无情？同情心是人类情感世界中最基本的组成部分，世界上几乎人人都有同情弱者和怜恤受难者的仁慈之心。利用人性中善良的一面，可以温暖自己的世界。用自己的愁容和悲苦，可以使对方的感情之水产生涟漪，即便铁石心肠，也会网开一面，伸出热情之手，帮你把事情办成。

春秋时期，吴王夫差为报越王杀父之仇，举兵攻打越国。双方交战于夫椒，结果越国战败，越王勾践被吴王俘获。

越王勾践为了保住性命，以求将来有机会报仇雪耻，便请求到吴国当吴王的臣下，伺候吴王。吴王夫差为了显示自己的大度，答应了他的请求，决定留他一条性命。

到了吴国后，勾践被吴王安排住在阖闾大坟旁的一间古屋里，每天干一些喂马、扫马粪的脏活。吴王每次出去游乐，勾践都要趴在地上做马梯，让吴王踩着自己的背脊上马，再拿着马鞭走在车子前面。周围的人看到了都取笑说："看，这是大王的马夫。"勾践听了，就像什么事也没有发生似的，脸上没有丝毫怨恨的神情。

一天，吴王夫差登上姑苏台以后，远远地就望见勾践和夫人端坐在马粪旁边，油然生出同情和怜悯之心。他对太宰伯喜说：“在这种穷困的环境之下还能坚持，真是不容易啊！”

伯喜说：“不仅仅是可敬，更是可怜啊！”

夫差说：“太宰所言极是，我真的有些不忍心去看了，假如他们可以改过自新的话，那么就赦免他们，让他们回到自己的国家吧！”

后来，勾践听说吴王夫差有病，赶紧跑来问候他。正好此时吴王要大便，勾践搀扶着他大便后回来，又返回掀开马桶看了看，闻了又闻，然后转过身对着吴王磕头说：“恭喜大王，您的病已过了危险期，再过两天就好了。”吴王好奇地问：“你怎么知道？”勾践回答说：“我检查过大王的大便，发现大王肚子里的毒气已散发出来了。”

夫差大受感动，说：“你真的仁义啊！比儿子侍候的还好。”不久以后，夫差就送勾践回国了，才有了后来的灭吴之举。

当一个人心生同情之心，仁慈之举就会随之而来。眼泪则是赢得仁慈之举的锐利武器。

在所求的人面前，下一番功夫把自己所面临的困境说得在情在理，令人痛惜惋惜、可悲可惜。越是给自己带来某种遗憾和痛苦的地方，就越是大加渲染。这样，对方才愿意以拯救苦难的姿态伸出手来帮助你办事，让你终生对他感恩戴德。

宋太宗年间，曹翰因罪被罚到汝州。曹翰苦思返京之策。一天，宫里派了个使者到汝州办事，曹翰哪里肯放过这个机会。他想办法见到了使者，流着泪对他说：“我的罪恶深重，就是死也赎不清，真不知如何才能报答皇上的不杀之恩，现在只想在这里认真悔过，来日有机会一定誓死报效朝廷。只是我在这里服罪，家里人口太多，缺少食物活不下去了，这里有几件东西，请您帮忙抵押一万文钱，交给我家里换点粮食，以使家里大小暂且糊口。”说到伤心之处就越发止不住眼泪。

使者回宫如实向宋太宗做了汇报。太宗拿过包袱，然后打开一看，里面原来是一幅美丽的画，画题为《下江南图》，画的是当年曹翰奉宋太祖旨意，任先锋攻南唐时候的情景。太宗看到此图时便想起曹翰当年的功勋，心里也是非常难过，怜悯之情油然而生，决定把曹翰召回京城。曹翰打动人心的做法奏了效。

2. 寻求对方理解

求人办事，寻求理解也很重要。对一件事，对方不想办，而你却非办不可，只能靠“软磨硬泡”。磨久了，令人生烦，泡久了，使自己受伤，结果于事无补。有时，想法赢得对方理解，也许能打开局面，关键是看你的嘴功了。

20世纪80年代，著名的引滦入津工程曾一度因炸药供不上，面临停工、延误工期的困境。领导心急如焚，派李连长带车到东北某化工厂求援。

李连长日夜兼程赶到了千里之外的化工厂供销科，可得到的答复只有一句话：眼下没货。他找厂长，厂长忙，没时间听他多解释，他跟进跟出，有机会就讲几句；他软磨硬泡，厂长不为所动，硬邦邦地对他说：“眼下没货，我也无能为力啊。”

厂长给他递一杯水，劝他另想办法。李连长不死心，他喝了一口茶，看到这水又找到了话题：“这水真甜啊！天津人可是苦啊，喝的是从海河槽里、洼淀中收集的苦水，不用放茶就是黄的。”他一眼瞥见厂长戴的是天津产的手表，接着说：“您也是戴的天津表？听说现在全国每十块表中就有一块是天津产的，每四个人里就有一个人用的是天津的表，您是办工业的行家，最懂得水与工业的关系。造一辆自行车要用一吨水，造一吨钢要160吨水，造一吨纸要200吨水……引滦入津，解燃眉之急啊！没有炸药，工程就得延期……”

他说得动情，也在理。厂长理解了他的急切心情，同他聊起来，问：“你是天津人？”“不，我是河南人，也许通水时，我也喝不上那滦河水！”

厂长彻底折服了，立即抓起电话下令：“全厂加班三天！”三天后，李连长拉着一车炸药胜利返程。

满足他人的虚荣心

人是一个最经不住恭维的动物，这是人性决定的。不管是求上级办事，还是找朋友办事，恭维恭维他，是理所当然的，其作用不异于“敲门砖”和“开心锁”。你恭维了他，满足了他的虚荣心，他也会反过来重视你。得到恭维的人，一般是不会放着你的问题不管的。

每个人都有自卑情绪，都或多或少喜欢别人的恭维，如恭维他的衣服着装好、办事效率高、精力充沛……总是听得让人高兴。若有人义正词严地告诉你，说他不受恭维，你千万别信他。当你直言批评一番，他表面上虽风平浪静，但心里也许感到有些不是滋味。“闻过则喜”，生活中有几个这样的人呢？

寓言故事《乌鸦唱歌》是这样讲的：

有一只乌鸦很幸运，不知从哪里叨到一块肉，正站在树上慢慢享用。

树底下，一只狐狸走了过来。他早就被那块肉散出的香气迷住了，垂涎三尺，恨不能立即据为己有。可自己又不会上树，更不会飞翔，想得到这块肉可是难如上青天啊。

但是，狐狸毕竟是狐狸，鬼点子可真多。只见他眼珠儿一转，就想出一个妙计。他擦了擦口水，冲着树上喊道："是乌鸦小姐吗？你让我找得好苦呀。"

乌鸦知道狐狸心眼儿坏，不愿理他。

"乌鸦小姐，听说你的歌唱得可好听啦！我到处打听你的下落，就是为了听听你唱的歌。我知道你是一位高贵的小姐，并不是谁都能听到你唱的歌，但我敢发誓，除了我，再也找不到第二个崇拜你的人了。"

听到狐狸的话，乌鸦心里美滋滋的：我的歌声可是动物界里第一流的啊，然而又有几个动物能理解呢？还是狐狸理解我，是知音啊！心里便对狐狸产生了好感。

"乌鸦小姐，你就唱一曲吧。不然，我可就急死了。急死了我不要紧，最要紧的是你从此就再也没有我这样的知音了啊。"狐狸哀求说。

"好吧！"乌鸦说。

于是，她张大嘴巴，哇哇地喊起来，嘴里叨的肉便掉在了地上。她低头一看，狐狸叼起那块肉，跑得无影无踪。

这虽然是一则动物故事，写的却是人。嘴甜的人不会吃亏。事实证明，会说恭维话的人比较吃香，办事儿也就顺利多了。当一个人听到别人的恭维话时，心中总是非常高兴，虚荣心也得到某种满足，脸上不自觉得会堆满笑容，虽然口里连声说"哪里哪里"，心里却比吃了蜜还甜。即使明知对方所讲的是恭维话，却还是没法抹去心中的那份喜悦。

这是因为，人人都有虚荣心，爱听恭维话是人的天性。当人们听到有人吹捧和赞扬自己时，心中会产生一种莫大的优越感和满足感，对别人的建议或要求也会乐意考虑，并很快答应了下来。

在衣店购衣服，在你试衣时，总是免不了会受到卖主的恭维：“啊，真漂亮！穿起来非常合身，朴素、大方、有风度，你比以前年轻了好几岁。不信你自己照照镜子。”听到这种恭维，本来你是不想买那件衣服的，最后却买了。这就是恭维的力量。

求当权者办事，必须会说恭维话。话说得好听，说得到位，领导便易于接受你提出的条件和要求，否则即便是一件简单的事情，也很容易办砸。说好话，也叫赞美或者颂扬，世俗的说法即阿谀奉承和溜须拍马之类。要想把事情办成功，总得捡对方爱听的话说，才有利于解决事情。如果你自视是一个“正人君子”，不乐意恭维领导，这无疑给自己办事设置了一道障碍。

当然，恭维不等于奉承。恭维领导，可以理解为欣赏领导。恭维与欣赏领导的某个特点，意味着肯定这个特点。只要是优点、是长处，对集体有利，你就可以毫无顾忌地表达你的赞美之情。领导也需要从别人的评价中，了解自己的成就以及在别人心目中的地位。当受到称赞时，他的自尊心会得到满足，并对称赞者产生好感。你的聪明才智需要得到赏识，但在他面前故意显示自己，则不免有做作之嫌。领导会因此认为你是一个自大狂、恃才傲慢、盛气凌人的人，而在心理上觉得难以相处，彼此间缺乏一种默契。

学会说恭维的话，当你托人办事时，你将会领悟到其中的妙用。说恭维话要注意以下几点：

1. 因人而异

喜欢恭维与被恭维都是生活中的交际礼仪。善说恭维话，别人听了舒服，而且有利于自己的言行。但是，千人千面，恭维也须因人而异，要根据对方的年龄、性别、职业、社会地位和性格特点进行。年轻人寄希望于自己，自以为前途无量，你如果举出几点证明他的将来大有作为，他一定高兴引你为知己；你如果称赞他父母如何了不起，他未必感兴趣；你说他是将门之子，把他与父母一并称赞，也许还配他的胃口。老年人历尽沧桑，几十年的光阴该怎么样就怎么样了，对于还未达到的预期目的，已不十分希望了。他目前最关心的是他的子孙。如果夸他的儿子学识能力都胜过他，真是出类拔萃，当面抑父扬子，他口头上连说“未必，未必，过奖了”，其实他的心里比蜜还甜，认为你是慧眼识英雄。对于商人，你如果说他学问好、道德好、清廉自守，他肯定会无动于衷；但你若说他脑子灵活、手腕高明、红光满面、日进斗金，他听了会是很高兴的。对于官员，你如果说他生财有道，定会发大财，享不尽的荣华富贵，他不大骂你一顿才怪呢。你若说他为国为民、清正廉洁、劳苦功高，他定会喜形于色。对于文人，你如果说他功底深厚、思想新潮、笔下生花，他听了一定高兴。

2. 话题适度

恭维是为了创造一种融洽的气氛，所以不能用挑剔的口吻。比如：看到电视机、电冰箱先问问其性能如何；看了墙上的字画，就谈字画的欣赏知识，然后再借题发挥地赞美对方的工作能力和知识阅历。

3. 要有分寸

不符合实际的奉承是一种讽刺、违心地迎合。奉承和逢迎也有损自己的人格。适度得体的恭维应建立在理解他人、鼓励他人、满足他人的正常需要及为人际交往创造一种和谐气氛的基础上。曲意逢迎是为人所不齿的。

4. 要注意场合

在众人在场的情况下，恭维其中一个，必然会引起其他人的心理反应。比如你恭维某次考试成绩好的人，那么在场的参加同次考试成绩较差的就会感到不愉快。这时，你就要寻找某些因素，如某人复习时间太短，某人出差回来仓促等等客观原因来照顾他们的面子。

做事要讲谋略

办一件事，如果直截了当办不成的话，不妨转个弯儿，换一个思路，通过迂回应变达到既定目标。实际上，办任何事都很难做到一帆风顺、心想事成，总会面临许多障碍和意想不到的麻烦，一味地啃骨头，会碰得头破血流，而采取迂回之术多可迎刃而解。

运用以迂为直的策略，十分讲究迂回的手段。特别是在与强劲对手交锋时，迂回的手段高明、精到与否，往往是能否在较短的时间内由被动转为主动的关键。

迂，是曲折、绕弯的意思，它与“直”的意义相对。“迂”与“直”、“患”与“利”、“退”与“进”之间的关系是辩证的，是可以互相转化的。在两军相争的战场上，

“迂”意味着花费的时间多；“直”意味着花费的时间要少。但是，军事对抗的双方都在绞尽脑汁地破坏对方计划的实现，如果一味地求“直”、图“快”，反而会适得其反。所以，在某种情况下，表面上看来走的是迂回曲折的道路，而实际上却为更直接、更有效、更迅速地获取成功创造了条件。1934年10月，红军在第五次反围剿中失利，不得不撤离井冈山，开始了艰难危险的万里长征。经过一年的浴血奋战，红军冲破国民党的围堵，胜利到达陕北，创建了陕北革命根据地。从表面上看，这是一次大“退却”，这一个“弯”“绕”了二万五千里，还付出了重大牺牲，但正是因为这一“退”，红军才保存了实力，才有了以后的壮大，才迎来了新中国的诞生。

第二次世界中，曾被世人称为“沙漠之狐”的德军元帅隆美尔用兵迅捷、狡诈，以致当时的英国首相丘吉尔也不得不发出这样的感叹：“隆美尔！隆美尔！我们什么都可以不管，只要能打败他就行！”

他狡猾的最初显现，大概发生在1940年5月，当时还是德军第7装甲师少将师长的隆美尔被切本特思森林挡住去路。隆美尔要攻击的法军地堡防线就在森林后面，但是法军在森林中构筑了坚固的前沿工事。如何才能平安通过森林突然地出现在法军地堡防线前面呢？狡猾的隆美尔灵机一动，拿起话筒，下达了命令：“各指挥官请注意！现在即将通过森林，坦克全速前进，炮手、电报员、装弹手以及指挥官一律坐在坦克外面，摇动白旗，不许放一枪一炮。”军令如山，德军官兵对这一道几乎等于自杀的命令虽然不理解，但还是执行了，隆美尔本人也坐在坦克外面，不停地摇动着白旗。法国官兵从前沿工事中站起来，迷茫地望着一辆辆打着白旗的德军坦克从眼皮下驰过，不知该如何是好，以为他们真是降军。森林被抛在身后之后，隆美尔命令一个装甲营断后，以防法军在突然省悟后追击，其主力则向毫无防备的法军地堡防线发起迅雷不及掩耳的攻击，将法军防线彻底击溃。

迂回谋略，也可以运用到经营管理中。这就是以一时的退让或利益受损获得客户的信任，维护企业的信誉，宣传企业形象，推广商品。例如：企业在产品销售时，总会遇到退货现象，聪明的管理者总是热情地接待用户，包退包换，等等。

北京天安门广场本来是不允许做商业广告的，但1994年6月28日却是一个例外。一大早，首都天安门广场彩旗飘扬、锣鼓震天，数百人组成的磐鼓队、秧歌队、高跷队的精彩表演引得很多人驻足观看，把天安门广场围了个水泄不通。上午9时整，当北京市和国家有关部门的领导同志宣布“逛北京、爱北京、建北京”大型旅游文化活动正式开幕时，数千只信鸽同时飞起，把人们的目光引向天空。这时，人们惊讶地看到：十多个巨大鲜艳的彩色气球下面拖着一条长长的布幅，微风吹来，布幅上红艳艳的大字格外醒目——双汇集团祝逛北京活动圆满成功！

此事在新闻媒介爆炒之后，双汇集团成为最大的受益者。这个1991年产值、利税仅分别为1.7亿元和463万元的名不见经传的企业，自此以后经济实力迅速膨胀壮大，如今已成为亚洲最大的肉类企业。

说起来你也许难以相信，双汇集团把自己的广告打入天安门广场，仅仅破费12万元，尚不及《人民日报》半个套红广告版面的花费。当初，精明的双汇人得知“逛北京、爱北京、建北京”大型旅游文化活动将在天安门广场隆重举行开幕式时，就已经酝酿着要制造一起轰动全国的特大新闻了。于是，“双汇”派出最得力的公关人员，终于以1个气球1万元的价格，成功地赢得了北京市有关部门的审批通过。当有关领导还在为组委会人员“反正开幕式活动需要动用气球助兴，何不在气球下面挂个企业名字的条幅而多收入12万元”的做法深为赞许时，并没有意识到新中国成立以来企业广告首次进入天安门将既成事实。从某种意义上说，如果没有新闻界的渲染，参加“逛北京、爱北京、建北京”活动开幕式的人们，最多只能回忆起当时有彩色气球飘扬在天安门广场上空。据说，“双汇”闯入天安门广场做广告的消息传出之后，不少企业纷纷找天安门广场委员会，提出愿不惜数百万元的重金购买寸土做广告，却均被婉言谢绝；当企业以“双汇”何以能入天安门做广告相质问时，答曰：是“双汇”钻了空子，一不留神巧做了广告。

世上没有难办的事，而是缺少办事的方法。就这样，华特终于圆满地完成了上司交给的任务。

社交界流传着这样一句话：“忍一时，风平浪静；退一步，海阔天空。”一句话道破了迂回办事法的真谛！俗语说：“宰相肚里能撑船”，也是告诫人们办事要以迂为直。

学会换位思考

人们都不情愿接受别人指手画脚的命令，因为这容易激起他们的逆反心理，导致事情走向你所希望的反面。所以，要求别人做什么最好的办法就是从对方的角度出发，为对方着想，将他的思路引导到你的思路上来，让他站在你所搭建的舞台上，从而达到自己的目的。

人们总是希望自己的意见被别人接受，可是每个人都有不同的思想观点，谁也不愿意接受别人强加给自己的观点。当你依仗自己的权力，硬性下达自己的命令时，对方即使接受了，也很难做到心悦诚服。例如：你让自己的孩子必须去读书，你的孩子因为慑于你的威严而勉强去了，但心里肯定非常抵触，未必认真读书，结果还是没学到东西。

老耿是一家小公司的头儿，他经营的是他所熟悉的行当，当然对业务的所有流程都十分熟悉。正因如此，他总是向部门负责人甚至个别员工提出各种各样的法子，让他们照着自己的意见去做。起初，这样做确实效果颇佳，因为老耿毕竟是这一行当的行家里手，而员工大多是新人这一行的。

然而，时间久了，这种模式的问题就凸显出来。公司里的一部分优秀员工逐渐熟悉了业务，同时又有创新精神，他们感到老耿的许多意见越来越成问题了。起初，老耿仍然坚持己见，让大家按着自己的意见办，结果业绩平平。后来，再当老耿把自己的意见硬塞给别人的时候，有些人无奈地接受，有些人则反对，反对不成进而跳槽。

等到老耿看到自己和同行的明显差距时，发现不愿意接受自己意见而颇有创意的那位员工成了对手公司的业务经理，而留下来的那些听话者比起那位员工来差远了。

是的，我们不愿意接受别人硬塞来的意见，那么也就别把自己的意见硬塞给别人。假如我们能站在对方的立场思考问题，碰到对方拒绝你的要求或有抵触思想时，我们会对自己说："如果我处在他当时的环境中，我将有何感受，有何反应？"这样我们就可以省去许多愤怒与烦恼，也可以学会许多办事的技巧。人世间那么多的隔阂、冲突，其实大多是人们不能设身处地地考虑对方立场的缘故。

一位母亲在圣诞节带着五岁的儿子去买礼物。大街上回响着圣诞赞歌，橱窗里装饰着彩灯，装扮可爱的小精灵载歌载舞，商店里五光十色的玩具应有尽有。“一个五岁的男孩将以多么兴奋的目光观赏这绚丽的世界啊！”母亲毫不怀疑地想。然而她绝没有想到，儿子却紧拽着她的大衣衣角，呜呜地哭出声来。

“怎么了？宝贝，要是总哭个没完，圣诞精灵可就不到咱们这儿来啦！”

“我，我的鞋带开了……”

母亲不得不在人行道上蹲下身来，为儿子系好鞋带。系鞋带时，母亲无意中抬起头来：“啊，怎么什么都没有？！”——没有绚丽的彩灯，没有迷人的橱窗，没有圣诞礼物，也没有装饰丰富的餐桌……原来那些东西都太高了，孩子什么也看不见。落在他眼里的只有一双双粗大的脚和女人们低低的裙摆，在那里互相摩擦、碰撞……真是好可怕的情景！

这是这位母亲第一次从五岁儿子目光的高度眺望世界。她感到震惊，立即把儿子带回了家。从此母亲发誓，今后再也不把自己认定的事情强加给自己儿子，而要站在孩子的立场上。母亲以自己亲身的体验认识了它。

威森专门替一家服装设计师和纺织品制造商设计花样的画室推销草图。一连三年，威森每个星期都去拜访纽约一位著名的服装设计师。“他从不拒绝接见我，”威森说，“但他也从来不买我的东西。他总是很仔细地看看我的草图，然后说：‘不行，威森，我想我们今天谈不拢了。’”

经过100次的失败，威森终于明白自己做事过于古板。于是他下定决心，每个星期挤出一个晚上去研究做人处世的哲学。

后来，威森终于明白了其中奥妙。他急于尝试这种新方法，于是随手抓起六张画家们未完成的草图，冲入买主的办公室。“如果可以的话，希望你帮我一个小忙。”他说，“这是一些尚未完成的草图，能否请你告诉我，我们应该如何把它们完成，才能对你有所帮助？”

这位买主默默地看了一会儿那些草图，然后说：“把这些图留在我这儿，威森，三天后再回来见我。”

三天后威森去了，获得了那位买主的一些建议。威森取了草图回到画室，按照买主的意思精心修改。这次出乎意料的是，没等威森去，那人就打电话来问设计图修改好了没有，希望修改后立即给他送过去。威森送去修改后的设计图，这位买主满意地留下了。

从那时起，这位买主订购了威森许多其他的图案，全是根据他的想法画成的——而威森却净赚了几千元的佣金。

后来，威森总结经验教训说：“我现在才明白，这么多年来为什么我一直无法和这位买主做成买卖。我以前只是催促他买下我认为他应该买的东西。我现在的做法正好完全相反，我鼓励他把他的想法交给我。他现在觉得这些图案是他创造的，确实也是如此。我现在用不着去向他推销，他会自动来买的。”

由此可见，如果我们想让别人接受我们的看法，就应该先允许别人表达他的看法，这样可以使我们的目的更容易实现，问题也更好解决。

人们都渴望被尊重、被理解。如果你只顾着诉说你的意见，并强烈地希望别人能够接受你的要求，恐怕你总是会遇到失败。可如果你能够为对方着想，真诚地征求别人的意见，让他感觉到自己受到了重视、受到了尊重，感觉到他的观点对你很重要，他又如何会拒绝自己的意见呢？

在伍德罗·威尔逊总统执政期间，爱德华·豪斯上校在国内及国际事务上有极大的影响力。威尔逊对豪斯上校意见的依赖程度，超过对自己内阁的依赖。那么，豪斯上校利用什么方法来影响总统呢？豪斯说："认识总统之后，我发现，要改变他看法的一个最佳办法，就是把这个新观念很自然地建立在他的脑海中。第一次这种方法奏效，纯粹是一个意外。有一次我到白宫拜访他，催促他执行一项政策，而他显然对这项政策不赞成，但几天以后，在餐桌上，我惊讶地听见他把我的建议当作他自己的意见说了出来。"

生活中的人，差不多都具有像威尔逊那样的弱点，喜欢被人认为是聪明的、有个性和有思想的人。所以，如果你想办成某一件事，例如想让上司接受你的某个创意，你就不必洋洋自得地在上司面前卖弄，而应该巧妙地引导上司想出这个创意，让上司觉得这是他自己的创意，让他很有成就感。这样，上司一定会很感激你，并满足你的条件。

诱导他人进入自己的思路

请人办事，办与不办，取决于对方的内心活动，尤其是对所求之事所表达的兴趣程度。因此，"软磨硬泡"不是上策。如果让对方对这件事产生积极的兴趣，或者设法让对方感觉到办完这件事后会得到自己感兴趣的利益，认为值得去做，那么事情就很容易办了。

心理学家指出：人们怎样想一件事，完全是外在情趣和利益诱惑的结果。一个人对A问题感兴趣或者想获得A，他就会说对A有利的话，也会做对A有利的事；反之，他便具有本能的拒绝心理。很明显，人们对什么事有兴趣或者认为什么事有满意的回报，就会乐意对什么事投入热情和精力。采取这种办法达到目的，就叫作“诱导法”。

1. 挑起对方的兴趣

求人办事，一定要先挑起对方的兴趣。如果对方对这件事满不在乎，听得昏昏欲睡，就很难争取他的认同。

运用诱导法办事，不只是根据对方的爱好，激发其兴趣，更重要的是激起对方的好奇心，只有利用那些新颖的东西，引出对方的好奇心，他才会情不自禁、穷追不舍地要弄个明白，不由自主地和你“黏”在一起，进而就可能被你牵着鼻子走。

贝尔是电话机的发明人，在电话刚刚发明出来后，由于资金问题，这项伟大的发明险些无人问津。一次，他为了推广这项发明，不得不来到英国伦敦银行赫拉行长家里请他帮助，希望他能对自己正在进行的新发明给予一定的贷款支持。但他知道，赫拉是一个脾气古怪的人，向来对电气事业不感兴趣。怎么能让他发生兴趣，并乐意帮助呢？

两人见面后，贝尔并没有向赫拉讲述电话的原理、需要多少预算、又能得到多少利润等问题。但是聪明的大银行家已经预测到，贝尔这次专程到自己家里来一定有事相求，因此这位行长简单地同贝尔寒暄了一下，便故意装着看书的样子。

贝尔看到赫拉的反应后，没有再去干扰他，而是走到客厅的钢琴旁，奏起了钢琴。弹着弹着，他忽然停了下来，对赫拉说：“你可知道，如果我把这只板踏下去，向这钢琴唱一个声音，这钢琴便也会复唱出这声音来。这事你看有趣吗？”

一旁的赫拉丢下书，好奇地问：“这是怎么回事呢？”

贝尔便详细地向他解释了和音和复音电话机的原理。通过这次谈话，赫拉非常慷慨地给予了贝尔资金上的支持，加快了电话的推广使用。

2. 利而诱之

求人办事，不能“空手套白狼”，要让对方知道他是这件事的受益者，满怀着希望和期待，他才会死心塌地地为你办事。

三十六计中有“抛砖引玉”一计（计名出自《传灯录》）。相传唐代诗人常建听说赵嘏要去游览苏州的灵岩寺，为了请赵嘏作诗，便先在庙壁上题写了两句，赵嘏见到后，立即提笔续写了两句，而且比前两句写得好。此计用于军事上，是指用相类似的事物去迷惑、诱骗敌人，使其懵懂上当，中我圈套，然后乘机击败敌人的计谋。“砖”和“玉”，是一种形象的比喻。“砖”，指的是小利，是诱饵；“玉”，指的是作战的目的，即大的胜利。“抛砖”是为了达到目的的手段，“引玉”才是目的。钓鱼需用钓饵，先让鱼儿尝到一点甜头，它才会上钩；对方占了一点便宜，才会误入圈套，吃大亏。

20世纪70年代初，苏联政府向美国有关方面提出了一个意向，准备出资3亿美元引进先进技术，在国内制造100架巨型客机，如果美国不感兴趣，苏联将同别国合作。

当时美国的飞机制造业正处于不景气时期，各大飞机厂商都想把这笔大生意抢到手中。但苏联礼貌地提出了一个条件，为了比较、鉴别，要事先派员到厂家进行参观。

苏方代表团依约来到波音公司考察参观。他们一个个温文尔雅，并无可疑举动。只是认真地观察，细心地琢磨，当涉及加宽机身的特殊材料时，波音公司的人员就缄口不谈，或是"王顾左右而言他"。苏联人也很知趣，并不在这个问题上纠缠不休，于是参观考察圆满结束。苏联代表团答应回国后即向政府提出正式报告。波音公司认为3亿美元的巨额生意已是囊中之物了。

谁知苏联代表团回国后如同飞去的黄鹤，从此杳无音讯，使得波音公司望眼欲穿。他们没能等到苏联引进他们先进技术的合同书，却等到了一则消息：苏联在报刊上刊登，他们将自己制造巨型客机了。

波音公司在震惊之余，仔细地回顾了那次苏方代表团来厂参观的全过程，终于觉察到代表们穿的鞋子有些异样，问题就出在鞋子上。苏联代表团人员穿的鞋子在鞋底里装有磁铁，他们在参观时将加宽机身的特殊金属材料的粉末吸入鞋底，回国后化验了这些粉末，找到了生产这种特殊材料的奥秘。

原来，苏联所谓的引进技术本是"虚晃一枪"，实际上是以3亿美元的生意作为诱饵，来骗取波音公司上钩。

当然，求人办事，不要试图欺骗对方，以利益为诱饵，诱骗对方吃亏上当；而是要让对方成为利益相关者，实现互利双赢的结局。只不过是，你所获得的利要大得多而已。

"利而诱之"的办事目的，必须首先激起对方的欲望，暗示只要能办成事，好事还在后头，并不时地给些甜头，让他相信你所说的并不是一句空话。在不断的刺激下，他的欲望也就被挑了起来，这时你就可以牵着他的鼻子走了。

因此，大可不必有求于他人便感觉低人一等的想法，而应利用本身的资本去吸引他、打动他，这才是办事的最高境界。也许你会说自己一无所有，没啥资本，如何吸引对方？其实，资本全在于自己开发，你虽然一无所有，但你有一副身体，有一个发达的大脑，只要一动脑子，肯定会想出自己的办法来。

第五章

事半功倍

得人之力无敌于天下

有一句名言：得人之力者无敌于天下也；得人之智者无畏于圣人也。

一个人即使是天才，也不可能样样精通，这就意味着每个人都有自己不能完成之事。但是，天下什么样的人才都有，所有你自己不能完成之事，总有人能够完成。所以，如果你善于借人之力，就是超人，没有什么是你不能完成的，自可无敌于天下。

一个人即使是圣人，也不可能样样都懂，这就意味着每个人都有智力所不能达到的地方。但是，任何你不知道的事情，总有人知道，如果你善于借人之智，即可比圣人高出不止一筹。

对任何人来说，要做成一份大事业，单凭一己的能力与智慧总是不够，若能懂得借力而行借智而谋，则无事不可成。

通用汽车总经理斯隆曾说：“把我的财产拿走，但只要把我的人才留下，5年以后，我将使被拿走的东西失而复得。”这句话极其深刻地表明了借用他人之力的重要性。

一个人是否有实力不要紧，只要他善于用人，照样能干成一番大事业。

理查德·西尔斯原先是一个代客运送货物的小商人。后来他开起一家杂货店来，专做邮购业务，即顾客通过邮件订货，他通过邮寄的方式发货。由于资本太少，只能提供有限的几种商品，他做了5年，生意仍无起色，每年只能做三四万美元的业务。他想，必须与人合作，借助他人的力量，才能把生意做大。

说来凑巧，当他萌发出合作的念头后，过不久就遇到了一个理想的合伙人。那是一个月色皎洁的晚上，西尔斯到郊外散步，突然远处传来了马蹄声。不一会儿，一个骑马赶夜路的人来到西尔斯跟前，向他问路。此人名叫罗拜克，想到圣·保罗去买东西，不料途中迷了路，此时已是人困马乏。

西尔斯将罗拜克请到他的小店中住宿。当晚，两人谈得很投机，遂决定合伙做生意，并成立一家以他们两人的名字命名的公司，即西尔斯·罗拜克公司。西尔斯有5年经验，罗拜克实力雄厚。两人联手，可谓相得益彰。合作第一年，公司的营业额达到40万美元，比西尔斯搞单干时增长了10倍。

西尔斯和罗拜克都不懂经营管理，做点小生意还能凑合，生意大了就招架不住，两人都有了力不从心的感觉。他们决定寻找一个总经理，代替他们进行管理。

他们费心搜寻人才，终于找到了一个合格的总经理人选。此人名叫陆华德，在经营管理方面很有一套。他们把公司大权全部授予陆华德，自己则退居幕后。

陆华德接受任命后，果然不负重托，兢兢业业地为公司效劳。他发现，做邮购业务与传统生意不同，一旦顾客对购买的商品不满意，调换很困难。如果不解决这个问题，很多顾客就会放弃邮购这种方式，公司的发展将受到很大阻碍。为此，陆华德严把进货质量关，决不让劣质品混进公司的仓库，以保证卖给顾客的每一件商品都“货真价实”。

那些厂商认为陆华德对质量的要求过于苛刻，竟联合起来，拒绝向西尔斯·罗拜克公司供货。

这是一件决定公司前途的大事，陆华德拿不定主意，赶紧去找两位老板商量。西尔斯从内心深处赞赏陆华德的做法，给他打气说：“你这些日子太辛苦了，如果能少卖几样东西，不是可以轻松一下吗？”

陆华德受到鼓舞，更加坚定了严把质量关的决心。那些厂商见抵制无效，担心生意被别的供货商抢走，最终不得不接受陆华德的质量标准。

陆华德刻意追求质量的经营策略，使西尔斯·罗拜克公司因此声誉日隆，10年之中，它的营业额增长了600多倍，高达数亿美元。

西尔斯作为一个外行，能够在短短十几年间，从一个微不足道的小商人，变成一个全美国知名的大富豪，得益于他用人的成功。他的用人之法其实很简单：找到一个值得信赖的人，然后授予全权。这正是用人的唯一诀窍。

一人之力只谓匹夫之勇

有的人自信过头，自以为悟性甚高，对别人的评价却过低，因此，他们在任何事情上都敢发表高见，好像他什么都懂似的。

这种过于自负的人无疑是让人讨厌的，他们也许真的很强大，却很难得到别人的尊敬和喜欢，注定会过得很孤独。

自命不凡的人，把自己当成全能选手，一身兼有“先知”“教练”“裁判”“批评家”等多种资格。

比如，当你出错正在懊恼不已的时候，他先知先觉地告诉你：“我早就告诉你不要这样做了，告诉你不要那样做了，你就是不听，现在傻了吧？”他以前对你发过这样那样的议论，其中有一句的确验证了你此时的失误。可在当时，由于他的议论太多，甚至自相矛盾，你根本分不清哪一句才是对的。

当你在埋头工作的时候，他自信地告诉你：你这样做是错的，你那样做是错的。然后他又自信地告诉你正确的做法是什么。可是如果你真的按他的指点去做的话，十有八九是劳而无功。因为他教给你的方法往往不切实际，是想当然的结果。

比如，一位公社书记下乡检查工作。他不断地对正在插秧的社员们说：“插密点，再插密点。”他以为秧插得越密，产量越高。

一位老农说："再插密点，我们都不知道怎么插了。要不您来给我们示范一下。"

这位书记卷起裤管，很自信地示范起来。谁知插太密了真的无法插。他把秧苗一扔，说："我只能说，做还是只能你们做。"

这种人由于对他发表见解的大部分事情只是一知半解，他永远都不知道自己的主意有多愚蠢。"无知者无畏"这恰恰是他始终那么自信的根源。

假如你有什么事情做得不合他的意，他就更是有话可说了："你怎么搞的？这点小事你都做不好！"所以，跟这种人相处，若是自信心稍差一点，简直会怀疑自己可能是个傻瓜。

其实，谁都不傻，是这种人太自负了，别的人只是不能发现他的自负中藏着多少愚蠢而已。

自命不凡的人大多自信过度，那让人望而生厌的人呢？如果你不想成为这种人，就有必要尽力回避以下列举的种种习惯。这些习惯会使人对你的智慧和人品产生怀疑，任何想要培养个人魅力的人，都应远离这些习惯：

不注意自己说话的语气，经常以不悦而且对立的语气说话；

应该保持沉默时偏偏爱说话；

"我"字当头，而且经常毫无顾忌地打断别人的话；

以傲慢的态度提问题，给人一种只有他最重要的印象；

不请自来或在不适当的时刻打电话，似乎他天生具有打扰别人的权利；

自吹自擂，总是试图表现得比别人高明；

不管自己是否了解，而任意对事情发表意见；

嘲笑社会上一切不合己意的新生事物：

公然质问他人意见的可靠性；

以傲慢的态度拒绝他人的要求；

指责和自己意见不同的人；

当着他人的面，批评部属和同事的错误；

措辞不当或具有攻击性；

当场表示不喜欢，缺乏应有的礼貌。

多一个朋友多一条路

从前，有两个饥饿的人得到了一位长者的恩赐：一根鱼竿和一篓鲜活硕大的鱼。其中，一个人要了一篓鱼，另一个人要了一根鱼竿，于是他们分道扬镳了。得到鱼的人在原地就用干柴燃起了篝火煮起了鱼，他狼吞虎咽，还没有品出鲜鱼的味道，就在转瞬间连鱼带汤吃了个精光。不久以后，他便饿死在了空空的鱼篓旁边。

另一个人则提着鱼竿继续忍饥挨饿，一步一步艰难地向海边走去。可当他已经看到不远处那片蔚蓝色的海洋的时候，他浑身最后的一点力气也使完了，他也只能眼巴巴地看着海洋，带着无尽的遗憾撒手人寰。

又有两个饥饿的人，他们同样得到了一位长者恩赐的一根鱼竿和一篓鲜活硕大的鱼。但是他们没有各奔东西，而是商定共同去寻找大海。他们俩每次只煮一条鱼。他们历尽千辛万苦，经过漫长而又遥远的跋涉，终于来到了海边。从此，他们两个人开始了捕鱼为生的日子，几年后，他们盖起了房子，有了各自的家庭、子女，有了自己建造的渔船，过上了幸福安康的生活。

罗曼·罗兰说过："有了朋友，生命才显示出它全部的价值。'智慧'和'友爱'是照明我们黑夜的唯一的光亮"。故事中后两个人之所以在极端困苦的情况下能够生存下来，并最终过上幸福的生活，靠的不是别的，而是相互间的支持，靠的是相互交朋友。

"嘤嘤其鸣矣，求其友声；相彼鸟矣，犹求友声。"马克思和恩格斯之间的革命友谊是人类历史上最光辉、最动人的友谊。马克思的女儿爱琳娜说，她父亲和恩格斯的友谊，像希腊神话中达蒙和芬蒂阿斯的友谊那样，成了一种传奇。马克思与恩格斯之间的友谊，从青年延续到老年，跨越了整整40年。他们情同手足、亲密无间、互相尊重、互相信任。两人共同创立了科学社会主义理论，领导了无产阶级革命运动。他们所取得的每一项伟大成就，都是共同的艰苦劳动和崇高友谊的结晶。这种友谊鼓舞他们克服一切悲痛和困难去为共同的事业努力奋斗。1885年4月6日，马克思的儿子埃德加因病去世。中年丧子，这是马克思一生中最伤心的事。4月12日，他在给恩格斯的信中写道："在这些日子里，我之所以能忍受这一切可怕的痛苦，是因为时刻想念着你，想念着你的友谊，时刻希望我们俩人还能够在世间共同做一些有意义的事情。"

俗话说：一个篱笆三个桩，一个好汉三个帮。好汉需要帮手，离开了桩子也就没有了篱笆。孔子用“独学而无友，则孤陋而寡闻”教育弟子，法国用“人生没有朋友，恰似生命中没有太阳”的谚语警示世人。无数的事实告诉我们，要想活出点味道，干出点名堂，朋友是必不可少的条件。

西汉刘邦出身低微，学无所长。文不能著书立说，武不能挥刀舞枪，但他天生豪爽，善于结交人，胆识无双。早年穷困莫名时，他身无分文，却敢独坐上宾。押送囚徒时，居然敢私违王法，纵囚逃散。斩白蛇起义后，因为能够善待能人，许多豪杰之士都投奔于他。像韩信、彭越、英布等威震天下的悍将，原先都是他的死敌项羽的人。而萧何、曹参、张良等也是他早先的友人。而正是这些人，帮助他成就了帝王之业。

帝王将相成就霸业需要借助他人之力，平民百姓更是如此。

那么，如何编织自己的关系网？

其一，不要拒绝真朋友。

其二，不断结交真朋友。

其三，接纳与你持不同观点的优秀朋友。

其四，与有进取心的人做朋友。

一个人在社会上打拼，仅凭一己之力，是很难有大的成就的。因为一个人的力量毕竟太有限了，就算你浑身是铁，也打不成几个铁钉。这一点微薄之力甚至连自己都保护不了，又怎么能和别人竞争呢？而真正的友谊，能够产生巨大而神奇的力量。

用别人的力量成己事

借有几种方式：或明借或暗借，或正借或反借。借人之势，成己之事，是其中一法。

让我们来看一个借势成事的例子：如果一家后院起火，正好有风从背后来，结果可想而知。

1980年，美国总统竞选的决战是在共和党候选人里根与民主党候选人卡特之间进行的，由于二人当时的实力旗鼓相当，因此他们二人展开了美国竞选史上最激烈的争夺战。

当时的卡特是已经当政4年的在职总统，但政绩并不突出，而且内政方面不能令人满意，国内通货膨胀加剧，失业人数猛增等等。人们对这些有关国计民生的问题十分不满，怨声载道。而这些正好成了里根手中的王牌，他集中火力攻击卡特经济政策失误，并耸人听闻地宣称他要消除“卡特大萧条”。

而这时的卡特也抓住广大民众关心的战争与和平问题，指责里根增加防务开支的主张是好战之举。

里根与卡特就是这样唇枪舌剑，拳来脚往，双方一时难决雌雄。

20世纪80年代的美国，广播、电视、报纸等大众传播媒介对人们的影响极为广泛。一个人的形象，在美国民众的心中往往占有重要位置，有时甚至直接决定了选民投谁一票。所以，总统选举，与其说是选民在选择候选人的政策纲领，不如说是在品味候选人的性格、智慧、精力、风度。在这方面，里根可以说是占据得天独厚的优势。

在里根当选共和党总统候选人之后，他当年在好莱坞演过的电影，一下子成了热门，全国各地影剧院、电视台争相放映。这股里根影视热风，无疑替里根做了一次绝好的宣传。人们从影视中看到，当年的里根英俊潇洒、精明强干，而现在仍然生机勃勃、干劲十足，风度不减当年。这给人们留下了一个很好的印象。

在里根影视风兴起的同时，里根还借电视媒体极力展示自己的风采。在与卡特的电视辩论中，里根表现得能言善辩、妙语连珠，而卡特则相形见绌，呆板迟钝，结结巴巴。因此在投票之前关键性的一场电视辩论后，民意测验的结果中，支持里根的人上升到67%，支持卡特的人下降为30%。1980年11月4日大选结果，里根以绝对优势大获全胜。

卡特本身就因失业人数猛增等，引起后院起火。正赶上与里根争夺总统，好莱坞电影之火终于把他烧得遍体鳞伤，“无颜见人”，从而退出了政治舞台。

《孙子兵法》说，势强就像从高山上往下滚的石头，无人可挡。所以，想成大事的人，无不是用势的高手。如何养成势力？最简便的方法莫过于借势而行。

得人之智无畏于圣人

一个人有无智慧，往往体现在做事的方法上。山外有山，人外有人。自然，借用别人的智慧，助己成功，是必不可少的成事之道。

你应该明白：不嫉妒别人的长处，善于发现别人的长处，并能够为之利用，能够诱导别人为自己做事，与合作人之间建立良好的信誉，是成大事的基本法则。

如果你觉得有必要培养某种你欠缺的才能，不妨主动去找具备这种特长的人，请他参与相关团体。三国中的刘备，文才不如诸葛亮，武功不如关羽、张飞、赵云，但他有一种别人不及的优点，那就是一种巨大的协调能力，他能够吸引这些优秀的人才为他所用。多一样才华，等于锦上添花，而且通过这种渠道结识的人，也将成为你的伙伴、同业、同事、专业顾问，甚至变成朋友。能集合众人才智的公司，才有茁壮成长、迈向成功之路的可能。

能够发现自己和别人的才能，并能为我所用的人，就等于找到了成功的支点。聪明的人善于从别人身上汲取智慧的营养补充自己，从别人那里借用智慧，比从别人那里获得金钱更为划算。

用心去倾听每个人对你的构想计划的看法，是一种美德，它是一种虚怀若谷的表现。我相信，他们的意见，你不见得各个都赞同，但有些看法和心得，一定是你不曾想过、考虑过的。广纳意见，将有助于你迈向成功之路。

如果你万一碰上向你浇冷水的人，就算你不打算与他们再有牵扯，还是不妨想想他们不赞同你的原因是否很有道理，他们是否看见了你看不见的盲点，他们的理由和观点是否与你相左，他们是不是以偏见审视你的构想；问他们深入一点的问题，请他们解释反对你的原因，请他们给你一点建议，并中肯地接受。

另外还有一种人，他们无论对谁的梦想都会大肆批评，认为天下所有人的智商都不及他们。其实他们根本不了解你想做什么，只是一味地认为你的构想一文不值，注定失败，连试都不用试。这种人为了夸大自己的能力，不惜把别人打入地狱。

要是碰上这种人，别再浪费你宝贵的时间和精力，苦苦向他们解释你的理想一定办得到。他们不值你一顾，还是去寻找能够与你一同分享梦想的人吧。

借助巨人的肩膀

荀子说："借助于车马的人，不必自己跑得快，却能远行千里；借助于舟船的人，不必自己善水性，却能渡江河。君子生性与别人无异，只是因为他善于借助和利用外物，所以就不同了。"荀子有"君子性非异也，善假于物也"的东方智慧。牛顿有"踩在巨人肩上"的西方智慧。

在成功学中，"借"的意义何在？在关系网中，"借"是核心。关系网又是人际关系的重要部分。把握了"借力"这一核心，就把握了关系网的精髓，就有可能通过借力，完成从没钱、没背景、没经验，向成功的转化。

古之借风腾云、借尸还魂、借腹怀胎、借名钓利、借力打力、借鸡生蛋等诸多计谋，无不是讲究一个“借”字，讲究借助外部力量而求得发展。帆船出海，风筝上天，无不是“好风凭借力，送我上青云”。而人的成功，也需要借力。

香港，作为东亚四小龙之一，这颗最璀璨的明珠，就是凭借与外国的大公司合营，借别人的知名品牌，借用外国原材料，借用外国公司的销售渠道和销售市场，从事加工制造，从事转口贸易。凭借“借风腾云”的思维，迅速地使香港走向了繁荣。

台湾巨富陈永泰说得好：“聪明人都是通过别人的力量，去达成自己的目标。”

个人大部分的成就总是承蒙他人之赐；他人常在无形之中将希望、鼓励、辅助投入我们的生命中，从而激活了精神世界，常使我们的各种能力趋于锐利。

生命的生长，都依靠心灵从四处吸收营养，而这种营养，官能的感觉是不能觉察、不能测量的。从耳目中吸收进“力量”，而这种力量的吸收不是取道于官能的视觉、听觉神经的。一个成功人士，肯定有着良好的人际关系，一个成功人士背后，肯定有着发达的关系网。

所以，一个人力量有多大，不在于他能举起多重的石头，而在于他能获得多少人的帮助。一幅名画中最伟大的东西，不在于画布上的色彩、影子或格式，而是在这一切背后的画家的人格中——那黏着在他的生命中，那为他所传袭、所经验的一切的总和所构成的一种伟大的力量！

任何人一跨入社会都应该学会待人接物、结交朋友的方法，以便互相提携、互相促进、互相尊重，否则，单枪匹马绝对难以发展到成功的地步。

钢铁大王卡内基曾经亲自预先写好他自己的墓志铭："长眠于此地的人懂得在他的事业过程中起用比他自己更优秀的人。"

大部分美国人都有一种特长，就是善于观察别人，并能够吸引一批才识过人的良朋好友来合作，激发共同的力量。这是美国成功者最重要的、也是最宝贵的借人经验。

任何人如果想成为一个企业的领袖，或者在某项事业上获得巨大的成功，首要的条件是要有一种鉴别人才的眼光，能够识别出他人的优点，并在自己的事业道路上利用他们的这些优点。

一位商界著名人物、也是银行界的领袖曾说：他的成功得益于鉴别人才的眼力。这种眼力使得他能把每一个职员都安排到恰当的位置上，并且从来没有出过差错。不仅如此，他还努力使员工们知道他们所担任的位置对于整个事业的重大意义，这样一来，这些员工无须监督，就能把事情办得有条有理、十分妥当。

很多精明能干的总经理、大主管在办公室的时间很少，常常在外旅行或出去打球。但他们公司的业绩丝毫未受影响，公司的业务仍然像时钟的发条机制一样有条不紊地进行着。那么，他们如何能做到这样省心呢？他们有什么管理秘诀呢？——没有别的秘诀，只有一条：他们善于把恰当的工作分配给最恰当的人。

如果你所挑选的人才与你的才能相当，那么你就好像用了两个人一样。如果你所挑选的人才，尽管职位在你之下，但才能却要超过你，那么你用人的水平真可算得上高人一等。

一个人是唱不了大合唱的，必须借人而成。想成大事者的人，最紧要的任务是学会如何打“借”字牌，从他人那里获得资源、获得力量，以凝聚成大事的力量。

模仿无处不在

生活中我们常有这样的经验：按照菜谱介绍的方法炒菜，味道总是比自己做得好；同拼字高手学习四五分钟，便成了拼字高手；同一名瘦子一起吃饭，看他吃什么，你就也吃什么，结果不出一个月便减去2斤肥油。这种照样学样地向成功者学习的方法，也被称之为模仿。这是通往成功的捷径，也是改变命运的关键。

成功者穷多年之功，历经无数次曲折、失败，才找出一套特别之道。你如果也想达到目标，就不必再按照他们的曲折路线行进，只要走他们的现行之道，借助他们现成的经验，便可以取得不俗的成就。

也许你已经留意到一个现象：有麦当劳的地方，不远处定会有肯德基的门店，至于说谁模仿谁我们无从考证，但两家都做得很成功，这是显而易见的。

模仿无处不在。孩子是怎么学会说话的？学生是怎样青出于蓝的？一个有抱负的商人又是怎么成立公司？全是模仿来的。在模仿的基础上加一些自己的创意，你就能做得比那些成功者更好。

现代社会有个通性，就是在甲地可行的，往往在乙地也能适用，所以商场中很多人就是通过模仿方式赚大钱。如果有人在北京开了一家生意兴隆的巧克力糕饼店，在上海也会成立相同的店；如果有人在哈尔滨经营一家专门供应奇装异服以达到宣传效果的生意，很有可能在大连也会有相同的生意出现。所以有很多人事业成功，就是在市场尚未饱和之前，把甲地成功的做法，依样画葫芦地搬到乙地去，就这么简单地成功了。

在我们没实力去做创新时，不妨把别人成功的经验借来一用，可以收到事半功倍的效果。

但是，模仿绝不是盲目照搬，要学习别人的长处、经验，再根据自己的实际情况应用，才能取得良好的效果。千万不能像那个到邯郸学步的燕国人，非但没有学会邯郸人的优美步姿，还把自己原有的走步技巧给忘了，结果只好爬着回去。

中国有位药厂的老总，产品刚刚投放市场，看到别的厂家请医生开专家会、产品论证会，会议开过之后，药品的销量大增，于是他也投入上百万元大开专家会、产品论证会，会议开得很成功，医生们个个满意，产品在学术上取得了充分的论证，可产品销量就是上不去，眼看着花了钱打了水漂，老总急了，找营销专家咨询："我比别人的会开得好，怎么产品销不出去呢？"专家问："你所请的医生所在医院的药房里都有你的产品吗？"老总说："产品刚上市，货还没铺全，大部分医院都没有货。"专家告诉他："同样是开会，人家是在产品铺进医院后才找相关医院的医生开会，所以会后销量会增大，你的产品刚上市，医院药房都还没货，会开得再好，又有什么用呢？”

效仿成功者，无疑应该考虑自己的实际状况。“东施效颦”之所以被人嘲笑，就是因为她没有分析自身特点，模仿错了对象，如果她学习无盐、嫫母，说不定可以成为一个令后世称奇的聪明人物呢！

在现代社会，没有什么东西不可借：借别人的鸡，生的蛋归自己；借别人的肚子，生的孩子归自己；借别人的厂房，生产的商品归自己，借别人的钱，赚的钱归自己……什么都可借来归自己所用，就看你有没有借的头脑和运作手腕。

嘉年华游乐场在中国举办50余天的游乐会，在中国至少拿走2亿元人民币。它的过人之处在于：没有一样东西是嘉年华自己的。场地是租中国的，工作人员是从当地雇用的临时工，游乐设备是从世界各地游乐场租来的。除了挣的钱之外，什么都不是嘉年华的。所以嘉年华游乐场没有淡季，淡季来临时，他将场地退掉，到别的国家去开园。嘉年华的游乐设备永远是新的，而且不用花一分钱的设备维修保养费，因为嘉年华只租性能良好的设备，设备出问题，责任由出租方来承担；嘉年华不用给员工支付养老、保险等费用，因为这些人都是临时的。

这真是一种全新的经营理念，很多人想做事，不是苦于资金不足，就是苦于无场地，等到万事俱备了却已经错过了最好时机。而嘉年华什么也不会错过，只凭一个理念和一些启动资金，就能做成令人眼红的大生意。

谈到“耐克”，人们并不陌生，“耐克”鞋在中国家喻户晓，时尚青年都以拥有“耐克”鞋为时髦。也许大家并不知道，耐克公司在美国是一家没有厂房、没有工人的公司，在美国没有一家工厂为耐克公司生产鞋，那么遍布全球的“耐克”鞋是从哪里来的呢？耐克的所有产品都是借来的鸡生出的蛋，其优势明显高于养鸡产蛋。

1981年，耐克公司首先与日本岩井公司合作成立联营公司——耐克日本公司；同时又和日本橡胶公司联合，用耐克公司的技术，用日本橡胶本公司的人力、物力进行耐克鞋的生产，产品交耐克公司销售，这样耐克公司不但很快就打入日本市场，而且还绕过重重关税。

占领日本市场之后，耐克公司又与中国、韩国签订合作生产协议。不久后，又在其内成立了联营厂家。

借来的鸡不但为耐克生出了蛋，还生出了蜚声世界的“金蛋”，其手段之高明，实在令人折服。

世上可借之物极多，只要你能想出借的门道，自有取之不尽的获利机会。当然，这需要你拥有一颗创新的头脑。

有一个年轻人，最大的嗜好就是养鸽子。他宁可自己省吃俭用，也要让鸽子吃好。随着鸽群的壮大，他的开销越来越大，经济状况越来越拮据。

有一天，在离家不远的街心公园里的几只小鸟触动了他的灵感。那几只小鸟不过是习惯了人来人往的都市，能够灵巧地接住过往行人丢来的食物，它们就渐渐吸引了周围的居民。闲来无事，人们都愿意到那里去坐坐，喂喂鸟。于是，年轻人想到了自己的鸽子……

一个假日，他带着他的鸽子来到街心公园。果然，鸽子吸引了好多游人，他们纷纷将玉米抛给鸽子，又逗又玩，这样，年轻人省下了一笔喂鸽子的开销。年轻人并没有因此而满足，他辞掉了工作，专门在公园内放鸽子，同时出售喂鸽子的饲料，这样一来他的收入居然超过了原来的收入，公园也因此出现了一个新景观，吸引了更多的人。

用游客的钱养活自己的鸽子，同时还能挣游客的钱养活自己，可谓是一举数得。

万物皆备于我，你需要的任何东西都可借到。但是，你需要遵循一定规则，并采取相应的方法。

世界之大，人人都有足够的生存空间。许多人觉得竞争残酷、生存不易，主要因为他们的眼光盯在那些别人已经得到的东西上。无论靠拼抢还是靠施舍，从别人手中取得收获总是不易。假如转换思路，将注意力转到那些尚未为人留意的闲置之物上，你就能轻轻松松获得你想要的一切。

借用的恰到好处

在很多人的观念中，存在着一种观念：只有打败对手，自己才有获胜的希望。事实上并非如此。我们跟对手既是竞争关系，又是相互依存的关系。好比在森林中，树木相互争夺阳光、养料和水分，是竞争关系，但它们也互相提供协助。假如某棵树打败所有对手成为孤零零的一棵参天大树，它要么会被大风吹折，要么会被雷电击毁，总之无法独自生存。

人与人的关系也是这样，对手不是仇人，双方不是非成即败、非存即亡的关系。如果你有足够的智慧，即可借对手之力达到目的，根本不必依靠损害对手以获益。

在商场中，有一种极高明的合作方式：竞争式合作。双方看似水火不相容，竭尽全力火并，目的却不是杀垮对方，而是相互激发，相互利用，以便共同做大市场，进而达到共同占领市场的目的。比如世界两大名牌饮料可口可乐与百事可乐，双方斗了多年，从国内打到国外，从20世纪打到21世纪，却谁也没有斗垮谁，双方的实力反而越来越壮大。只不过，“混龙闹海，鱼虾遭殃”，相当多的小牌饮料在它们的火拼中失去市场，甚至销声匿迹了。

台湾统一集团和顶新集团的方便面大战，也是合作式竞争的典范。

20世纪90年代，台湾顶新集团瞅准大陆方便面市场群龙无首的空当，强力杀进大陆市场，推出一种价廉物美、汤料香浓的方便面——“康师傅”。在大规模的广告轰炸下，“康师傅”很快就变成一种家喻户晓的名牌产品。

这时，统一集团看到了大陆方便面市场的巨大潜力，也大举杀进。它以“康师傅”为主要竞争对手，却刻意强调自身的特色。“康师傅”走“平民化”路线，“统一面”却以“贵族”身份出现，注重包装的档次和品位。

自此，双方轮番进行广告轰炸，看似双方在激烈交火，实质上挨炸的却是大陆原有的厂家。两强相争，一举垄断了大陆方便面市场。而许多原本很不错的大陆方便面品牌，却自然消失了。

在经济全球化时代，我们越来越依赖对手的存在而存在。所以，我们不要总是思考如何将坏结果强加给对手，更要考虑如何从对手那里得到好处。

第一次去远航的人，大可不必先造船，再试航，最后再去远航。他完全可以借别人的船，或搭别人的船远航。这样既省时间，又是一个安全的良策。

20世纪50年代，美国黑人化妆品市场由佛雷化妆品公司独霸天下。后来，一位名叫乔治的供销员看准了这一行生意，便毅然辞职，独立门户，创立乔治黑人化妆品制造公司。他当时只有500美元资金、3名职员，唯一能生产的是一种粉质化妆膏。乔治很清楚，要在佛雷公司的垄断下争夺市场，十分不易，搭乘人家的船，牵住人家的衣角，趁势往前走，也许更现实。

不久，乔治的粉质化妆膏上市了。他经过反复思考后，决定推出这样一则促销广告："当你用过佛雷公司的产品后，再擦上乔治粉质化妆膏，将会有意想不到的良好效果。"

对这种宣传方法，乔治的部下都持反对意见，他们认为这是替竞争对手做广告，那不是贬低自己吗？乔治说："正因为他们的名气大，我才这样做。我并不是给他们做免费广告，而是借此抬高我们自己的身价。这就像如果你和卡特总统一起留过影，人们便要对你刮目相看一样。我这种战术就叫作借船出海。"

乔治的这一妙招果然收到了效果。广告刊出后，顾客们不仅很快地接受了乔治公司的产品，而且也没有引起佛雷公司的警惕。于是，乔治一鼓作气又推出了黑人化妆品系列，扩大占领市场。

几年后，等到佛雷公司发觉乔治公司已经能对它的市场地位构成严重威胁时，为时已晚。乔治公司的发展势头已锐不可当。后来，佛雷公司在美国市场上渐渐地消失了，而乔治则开始独霸美国黑人化妆品市场，并且把眼光投射到其他有黑人的国家，使全世界的黑人都开始接受并使用他的系列化妆品。

在借用对手之力时，不要害怕做有助于对手的事。你不妨这样想：竞争对手是如此强大，无论是攻击他还是帮助他，都不会给他造成多大的影响。

所谓对手，是就利益得失而言。如果对方不利于自己的利益，就是对手；如果有利于自己的利益，就成了朋友。一个人想干成大事业，最聪明的办法不是打败对手，而是让对手变成能给自己带来利益的人。可以说，能够通过对手获益，是最大的成功。

学会合作，事半功倍

秋天，仰望天空，我们经常看到排成“一”字形或“人”字形的雁阵在蓝天飞行，不知你是否想到这样一个问题：大雁为什么要整齐地列阵远翔呢？莫非，它们是在展示自己的飞行艺术？

大雁并非是在表演它们的飞行技巧。它们之所以采用“人”字阵或“一”字斜线形的形式飞行，是它们在长期适应中所形成的最省力的群体飞翔形式。当雁群以上述形式飞行时，后一只大雁的一翼，能够借助于前一只大雁鼓翼时所产生的空气动力，使自己的飞行省力。当飞行一段时间一段距离后，大雁们便左右交换位置，使另一侧羽翼也能借助空气动力以减缓疲劳。

由于大雁既具有惊人的个体飞翔能力，又富有令人叹服的合作精神，因而，他们的两翼似乎有了灵性，使他们能够以轻松自如的风姿成为长空的主人。

大雁给我们的启示是：走合作的道路，相互借力，就没有去不了的地方，就没有达不到的目标。

为了合作成功，要遵循一个基本理念：不要怕别人得好处。柯维有一句名言："世界之大，人人都有生存空间，他人之得，不必视为自己之失。"我们想做一件事情，不要怕别人从中得到好处，只要考虑对自己是否有利就够了。

第二次世界大战后不久，战胜国决定成立一个处理世界事务的联合国。可是联合国设在什么地方，一时间成了一个颇费周折的问题。按理说，联合国的地点应该设在一座繁华的城市。可是，在任何一座繁华的城市建立联合国总部都需要大量的土地来建造楼房，这些土地将花费大量的资金。可是刚刚起步的联合国总部却是"说起钱就不亲热"了——无力支付这样一大笔巨款。

正当各国首脑们商量来商量去的时候，美国的洛克菲勒家族知道了这个消息，立即出巨资870万美元在世界第一大城市纽约买下了一块土地，同时买下了这块土地周围的全部土地。在人们惊异的目光中，洛克菲勒家族把这块价值870万美元的土地无偿捐给了联合国。联合国大厦建成之后，周围的土地价格立即飙升数倍。没有人能够计算出洛克菲勒家族经营这片土地到底赚回了多少个870万美元，但人们从这件事上却切切实实感受到了什么叫“予人有利，自己有利”。

江程拥有一家三星级的宾馆，经朋友介绍，他认识了一名名气很大的导演，导演准备在他的宾馆开一个新闻发布会。

江程爽快地同意了，可在租金上不能与对方达成协议。江程要价4万，导演只答应出2万，双方争执不下。那位从中介绍的朋友劝江程说：“你怎么这么傻，你只看到了2万，2万背后的钱可不止这个数，他们都是名人，平时请都请不来呢！”

江程想，4万的要价不算太贵，只要坚持一下，对方肯定会接受的。所以他决不松口，还对朋友说：“你看你介绍的人，这么苛刻。”

朋友生气地说：“我没有你这个目光如豆的朋友。”说完，朋友抛开江程，自己走了。

附近一家四星级宾馆的总经理听到这个消息，感到机不可失，马上找到那位导演，说他愿意把宾馆大厅租给导演，而且要价不超过1.5万元。

于是，导演便租了这家四星级宾馆。开新闻发布会那几天，除了许多记者、演员外，还有不少慕名而来的影迷，十几层的大楼无一空室。而且因为明星的光临，这家四星级宾馆的名声大振。

帮助别人就是强大自己，帮助别人也就是帮助自己，别人得到的并非是你自己失去的。在这个世界上，我们每个人都是彼此不同的，各有各的资质与技巧，各有各的能力，各有各的长处和短处。你今天在某件事上帮助了别人，而在另一件事上，你也可以获得别人的帮助。所以，看似助人的行为，实际上是在自助。

合作无疑是最有效率的借力之法，它使双方的优势互补，并使各自的能力产生相乘的效果，从而能创造更大的利益。只要把蛋糕做大，双方共享一块大蛋糕，也要比一方独享一块小蛋糕获益大多了。

好学问也要好人缘

美国哈佛大学教授团曾于1924年在芝加哥某厂做“如何提高生产率”的实验，他们发现，人际关系是提高生产率的关键所在，“人际关系”一词由此而生。后来，人们进一步发现，事业成功、家庭幸福、生活快乐都与人际关系密切相关。影响人生成功的因素中，专业技能仅占15%，人际沟通能力占85%。因此，我们说“好学问也要好人缘”，绝非夸大其词。

好人缘是借力的关键。一个人素质再高，如果他只是将本身的能量发挥出来，不过能比常人表现得好一点而已；如果他能集合别人的能量，就可能获得超凡的成就。要想借人之力，这就要有好人缘。

正因为如此，有好人缘者在社会上越来越受重视。许多公司在招聘高级管理者时，要考查他的人际关系，没有好的人缘，能力再强，不能录用。如在人际关系上有超群的能力，有非常好的人缘，其他条件都可放宽。

凡特立伯任纽约市银行总裁时，他雇用高级职员，首先考查的就是这个人是否具有令人称道的人缘。

莫洛是美国摩根银行的股东兼总经理，年薪高达100万美元。其实他以前不过是一个法院的书记，后来做了一家公司的经理，他实在是人际关系的天才，人缘极佳。他之所以能被摩根银行的董事们相中，一跃而成为全国商业巨子，登上摩根银行总经理的宝座，据说是因为摩根银行的董事们看中了他在企业界的盛名和极佳的人缘。好人缘给莫洛带来的是地位和事业的成功，给公司带来的是良好的经营业绩。

吉福特是一个小职员，后来任美国电话电报公司的总经理。他常常对人说，他认为人缘是成功的主要因素，人缘在一切事业里，均极其重要。

好人缘为何如此重要呢？其实不难理解：一个人缘不好的人，大小事情只能靠自己去做。能力再强，能做多少事？再说，人是社会中的人，生活、办事无时无刻不与人交往，没有良好的人际关系，便不能获得别人的帮助与支持，甚至会处处遇到阻挠，让他有力无处使。反之，一个善于交往、人缘很好的人，就算他能力平平，但他能处处获得别人的帮助，所以，往往是这样的人，办起事来如顺风行船，很容易达到目的。

现代社会发展如此之快，活到老学到老也有学不到的东西，要想做事，只能借他人之力完成。如何才能获得别人的帮助，最基本的条件就是良好的人际关系——好人缘。

好学问也要好人缘，这是世界成功人士的共识。

著名青年企业家王英俊说，在商场中，你不想在竞争中垮掉，就必须懂得广交朋友，善于用“情”。

王英俊领导的英俊科贸有限公司有很多外国朋友。其中，既有外国企业家，也有外国的一些著名人物，如美国人斯通和日本人竹下登。

英俊公司刚刚成立，王英俊向斯通发出了邀请，他答应斯通：凡有利于中美友好的事，我都做；凡不利于中美友好的事，我都不做。从此斯通多次访问英俊科贸公司。在斯通的帮助下，他与世界各国建立了广泛的联系，奠定了事业成功的基础。

王英俊很注意人情的投资，一次，王英俊接待一位从德国来的客人，下飞机时恰逢大雨，那位客人浑身都湿透了。王英俊一见，立刻让人把客人的衣服拿去，弄干、烫平……10分钟内送还。后来王英俊与这位客人的生意谈得非常顺利。

王英俊还特别注重私人友谊的维护，他常常做一些超越公务关系、表示私人友谊友情的举动。日本企业家竹下登一次对王英俊说，“最近一个时期太紧张，突然脱发。王英俊回国后，立即买了20瓶毛发再生精送给竹下登。此外，他还送给一位日本企业家一件中国瓷雕，在一只瓷盒上刻上了这位企业家的照片。这些礼物并不贵重，它只是表示了王英俊的友情，王英俊称之为“动脑筋的礼物”。

有人说：人生如战场。但人生毕竟不是战场，无论在商场还是在职场，用心、用情比斗智斗勇还有效。做事先做人，既要讲究游戏规则，更要讲世故人情。一味讲规则，板起面孔公事公办；或者，一味讲利害，扳起指头精打细算，一定做不好人办不好事。

好人缘的得来不是靠阳奉阴违的周旋，要靠与人相处的真心相待，信任与合作，是建立好人缘的关键。

当今社会人与人之间的联系与交往更加密切，需解决的问题越来越复杂，只凭个人的能力是办不了大事的，这就要求人与人之间的合作，而这种合作的强弱往往又决定了你能办成多大事，能成就多大的事业，所以说，好人缘，是借力办事的基础，是事业成功的阶梯。

人总是要交朋友的。不交这样的朋友，就交那样的朋友；不交好朋友，就交坏朋友。而交友如染丝，染于苍则苍，染于黄则黄。交了爱吹牛穷聊的朋友，便难免陪着他云天雾地、海阔天空地夸夸其谈，久而久之，自己也会成为“话匣子”；交了爱玩爱闹不学无术的朋友，少不了一起去游游逛逛，打打闹闹，久而久之，自己也可能成为不求上进的浪荡鬼；交上了学友，谈的是学习、学问，交流的是知识见闻，久而久之，自己则可能潜移默化而好学不倦，追求起真知，这样从中得益就无可估量了。

交学友的第一个好处，是能增长见识，开阔视野。学友交谈，必少不了“学”，学友到了一起，对于学习问题，对于知识的探求，必然会“如切如磋，如琢如磨”。

通过相互启迪感染，许多自己闻所未闻的问题有所闻见了，许多自己不甚了了的问题得到澄清了，许多自己看错了的问题得以纠正了。

唐代大诗人白居易晚年在东都洛阳当闲官，无权不管事，便产生了只能安于现状，再也无所作为的消极情绪。他写了一首《咏老赠梦得》的诗给他的诗友刘禹锡，诗中充满了消极思想及无为情绪。刘禹锡与白居易的思想境界有所不同，立即和诗一首，回赠白居易，算是对老朋友的启迪、鼓励和帮助。

刘禹锡昂扬奋发、不甘消沉的精神，对老友白居易，不啻为一剂良药。刘禹锡先白居易而死时，白居易写诗哭刘禹锡说："杯酒英雄君与操，文章微婉我知丘。贤豪虽殁精灵在，应共微之地下游。"称颂刘禹锡人虽死了而精神长存，可见对他是十分钦佩的。

结交学友的另一个好处，是可以对学业精研细议，有利于事业的长足进步和成功。历史上，一个学者有了一定的学术基础，经过学友的促进、帮助，因而获得更大成就的事是屡见不鲜的。

我国汉代发明浑天仪和地动仪的天文学家张衡是世界科技史上一颗灿烂的明星。张衡的成就，与他有一批好学友关系极大。张衡在青年时代便与马融、窦章、王符、崔瑗成了知己朋友，他们都是当时极有才华的青年，尤其是崔瑗，很早就学习过天文、数学、历法。在与张衡交往中，经常一起研究问题，交流心得，对张衡启发、帮助很大。张衡后来在天文学、物理学方面的伟大成就，与学友崔瑗是密不可分的。

三国时创造了指南车和新式丝绫机的马钧，也曾得到过好友傅玄的大力支持。明末清初的顾炎武曾写了《天下郡国利病书》，是水利方面一本有一定科学价值的书。顾炎武之所以能写出这本著作，与他的朋友耿橘有很大关系。耿橘是个对水利很有研究的人，他在做常熟知县时，先后开浚了福山塘和奚浦，还写过一本《水利全书》，对于如何根据地势高低来决定蓄泄，如何根据水系来进行开浚，都有周密详尽的规划。这些都给了顾炎武以启发。没有这位好学友，顾炎武的《天下郡国利病书》就很难问世。

世界著名的科学家爱因斯坦的科学成就，也得益于他的学友们的帮助。他在掌握黎曼几何之前，只是取得了狭义相对论的成功。后来朋友们帮助他掌握了黎曼几何，才促使他发现了广义相对论的奇妙世界，建立了科学史上罕见的功勋。

孔子说："独学而无友，则孤陋而寡闻。"尤其在今天这知识爆炸的信息时代，各科知识的突飞猛进，新的学科以及各种边缘科学的出现，使人们眼花缭乱，目不暇接。单凭自己一个脑袋，一双眼睛，即使辅之以发达的电脑，也是很难把最新的科学成就一一学到手。尽可能地多交些学友，对于我们接触多方面的信息，了解和掌握更多的现代化知识，丰富和充实我们的知识结构，无疑比以往任何时候都更加重要和迫切。即便如此，我们对现代信息和知识的占有仍然会远远落后于急速发展的现实，但这总归比独学独思、孤陋寡闻要好些。

有鉴于此，在今天，多交学友就显得更加必要且重要。俗话说："玻璃与金子相会，便有宝石的光辉；愚人与善人接近，也同样会变得聪明。"我们广交学友，把许多人的智慧变成自己的智慧，我们自身的发展一定更快，也会取得更大的成就。